ヨーグルトの科学　乳酸菌の贈り物

ヨーグルトの科学

―乳酸菌の贈り物―

細野明義

八坂書房

目次

まえがき

「薬食同源」は中国において健康に生命を保つことから生まれた思想です。この意味は「薬も食物も源は同じ」、すなわち、「薬は健康を保つ上で毎日の食べ物と同じく大切であり、おいしく食べることは薬を飲むのと同様に心身を健やかにする」ということです。「薬食同源」の思想は健康増進、病気の予防と治療、延寿を図る目的から漢方薬と食材とを組み合わせた「薬膳」と呼ばれる中国料理をも生み出しました。「薬膳」では、漢方薬と食材を単に組み合わせるだけではなく、使われる食材が本来もっている効能を十分に引き出し、バランスのとれた組み合わせによって効能を倍加させるための調理法を工夫することも含めています。さすがは中国人、その思慮の深さに敬意を表さざるを得ません。「薬食同源」は韓国人や日本人にも強い影響を与えてきました。日本では「薬食同源」は「医食同源」という言葉に置き換えられて「日常の食生活に注意することは、病気を防ぎ健康を保つことと同じである」の意味で使われる場合が多いようです。

ところで、ヨーグルトは疲労を回復させ体力をつけさせる滋養豊富な食べ物として、また生命を養い健康を保つ食べ物として位置づけられ、数千年前からヨーグルトを育ててきた地域の人々によって食べられてきました。二十世紀の初め、ロシアの科学者エリー・メチニコフは中国思想の「薬食同源」にも若干通じた「生命を維持する自然の妙薬」（The Elixir of Life）としてヨーグルトを位置づけ、その長寿効果を早々と予想して、近代科学研究の土俵に上げるきっかけをつくりました。彼の没後、世界中の多くの研究者がヨーグルトの不老長寿効果の有無について追及し、今日では科学に裏打ちされた発酵乳の栄養・保健効果に関する素顔をいっそう明確に捉《とら》えることができるようになりました。

一般に、食品の機能について語るとき、効用を強調しすぎたり、逆に不安を扇ったりする、一種のフードファディズムと呼ばれる罠《わな》に陥り、科学の領域を踏み外した俗説が闊歩《かっぽ》する場合が往々にしてあります。しかし、ヨーグルトに関していうならば、学問研究の対象になりやすく、もっとも科学の土俵を割ることの少なかった食品の一つです。その理由として、ヨーグルトに由来する乳酸菌やビフィズス菌の示す栄養機能や保健効果が実験的に明確に認められることにあります。

「健康増進法」が平成十四年に公布されました。この法律は、「特定保健用食品」や「栄養機能食品」を商品として販売するときの表示手続きなどについて定めたものです。現在、「特定保健用食品」として認可されている商品の数は平成十六年一月現在、四〇〇品目に達しており、その六割以上が乳酸菌やビフィズス菌を用いた「お腹の調子を整える食品」です。人類が積み上げてきた食品の知識と研究成果が「特定保健用食品」として具体的に活かされることは、実に素晴らしいことと思います。今日、多様な発酵乳が市販されています。また消費者の発酵乳への関心も高まり、その消費量は増加の傾向を辿《たど》っています。

本書は多くの研究者が見出してきた科学的知見の「おいしいところ」を抽出してまとめたものです。本書がヨーグルトについてはかなり詳しく知っているという方、断片的でしか知らないという方、またはまったく知らない方に対する入門書であったり、知識再確認の書であったりの役割を果たしてほしいと願っています。

最後に、本書を出版するに当たり、八坂書房の中居恵子さんに心からの感謝と御礼を申し上げます。彼女のやさしくも時に厳しい激励がなかったらこの本はおそらく生まれなかったと思います。本を書こうとするおぼろげな思いだけではどうにもならず、その思いをうまく引出してくれる外圧が是非とも必要なのだとつくづく感じました。「啐啄《そったく》同時」の意味をこれほど噛み締めたことはありませんでした。

1章　三五億年の生命体

地上に最初に現れた細菌

――三月二二日生まれの微生物

地球の年齢は約四六億年といわれています。地球誕生時の大気は今日とはかなり違い、メタンと水素が主成分で、酸素は存在していませんでした。そこに最初に現れた生物が細菌（バクテリア）です。今から三五億年前といわれています。さらに、人間らしき動物がこの地球に現れたのが今から一五〇〇万年前のこととされています。つまり、地球の年齢四五億年の長さを一年としますと、地球が誕生した日は一月元旦であり、微生物が出現したのは三月二二日であり、人間が出現したのは一二月三一日ということになります。結論として、細菌は人間にとってはるかかなたの大先輩であり、本来的には嫌気性細菌である乳酸菌はこの地球にもっとも早くから存在してきた細菌といえます。

乳酸菌には、一種類の菌ではなくて、およそ一〇〇種類ほどの菌種が存在します。いずれもカビや酵母とは違って細胞は単純な構造になっていて、エネルギーを生み出す能力は必ずしも高いとはいいがたい細菌です。そのため、生命維持に必要なすべての栄養素を自分でつくっていくことができず、常に栄養素のあるところに棲みつこうとしています。つまり、従属栄養性が強い細菌であり、ヒトの生活環境に生きているのもそのためです。

――乳酸菌というグループの特徴は

乳酸菌は菌学的に定義された細菌名ではなく、表1―1に示した特徴をもっている細菌を便宜的にひとくくりにして乳酸菌と呼んでいます。この表に示した特性のおもなものについて簡単に説明することにします。

微生物の細胞の外側は細胞壁といわれる複雑な構造をもった壁でおおわれています。微生物によって様子が異なりますが、細胞壁はタンパク質、糖、脂質の複合体が複雑に混ざり合って形成されています。①のグラム陽性とは、オランダのグラムという科学者が考案した特殊な染色液で微生物の細胞を染めたとき、青色に染まる場合をいいます。青色に染まるのは、おもにその細胞壁がタン

表1-1　乳酸菌の特性

①グラム陽性
②桿菌または球菌
③カタラーゼ陰性
④運動性なし
⑤嫌気性
⑥内生胞子をつくらない
⑦ブドウ糖から
50％以上乳酸をつくる
⑧従属栄養性
⑨ＧＲＡＳバクテリア

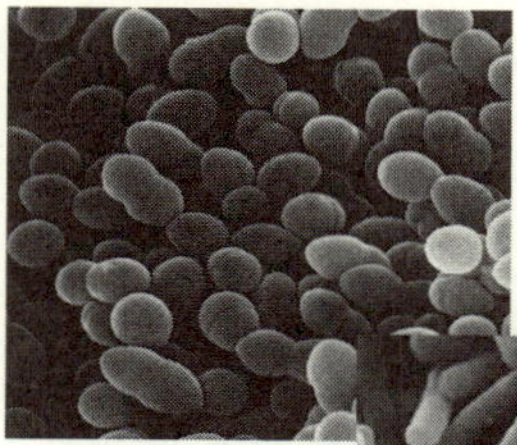
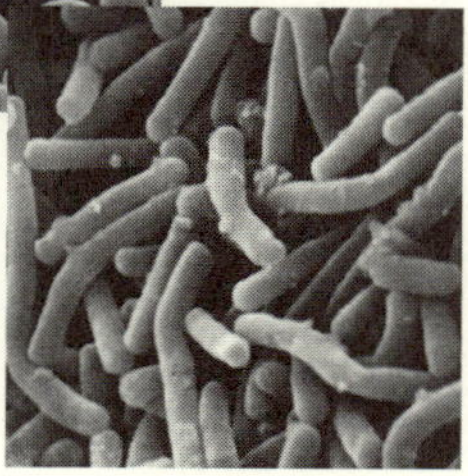

上＝乳酸球菌ラクチス菌と、下＝乳酸桿菌コンフューサス菌（提供：小崎道雄）

パク質と糖からなるペプチドグリカンと呼ばれる物質で構成されていることを意味しています。ちなみにピンクに染まる場合をグラム陰性といい、細胞壁の外側が脂質と糖の化合物であるリポ多糖と呼ばれる物質でおおわれていることを意味しています。このグラム染色法は微生物の特徴を捉《とら》える上で、今も重要な実験手法になっています。②の桿菌《かんきん》とは細胞の形が棒状であることを、また球菌とは文字どおり細胞が球状をしていることを意味しています。③のカタラーゼ陰性とは、カタラーゼと呼ばれる酵素を生産しないという意味です。カタラーゼは分解吸収の過程で細胞内に生成する過酸化水素を分解する酵素のことで、好気性微生物はこの酵素を産生しますが、乳酸菌のように酸素を嫌う嫌気性菌は、共通してこの酵素を産生しません。④の運動性とは鞭毛《べんもう》をもった細菌に見られる運動現象ですが、乳酸菌には鞭毛がないのでそのような特徴が見受けられません。また、細菌の中には

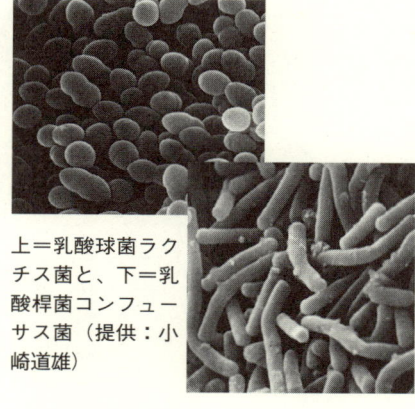

外部からのストレスが高まると増殖をやめて殻をつくり、じっと我慢して難を逃れるものが存在します。その殻のことを芽胞（スポア）と呼んでいます。⑥の内胞子というのは芽胞（スポア）を意味し、乳酸菌は通常そのような殻をつくる能力をもっていません。⑨のＧＲＡＳ《グラス》とは「Generally Recognized as Safe」の頭文字をとった言葉であり、「一般的に安全とみなされている」という意味です。これは乳酸菌を食品に利用する上できわめて重要なキーワードです。安全性の証明は口でいうほど簡単ではなく、長い期間にわたり人間が食べてきて、健康上に特段の問題を生じなかったとする経験こそが安全性を証明する上でもっとも説得力をもってくるわけです。乳酸菌はヨーグルトのみならず多くの発酵食品をつくり出してきた中心的微生物であり、太古から人類がそれらを食べ、かつ病状を呈さないという認識が経験的に成立していることから、有用なバクテリアとしての市民権を十分に得た細菌であるといえるのです。

レーウェンフックの功績

十六世紀から十七世紀はガラス加工の技術が高い水準に達し、明度の高いメガネ用のレンズがつくられた時代でもありました。そうした技術の発展を背景に望遠鏡や顕微鏡が発明されたのです。望遠鏡と顕微鏡は同じ時代（十七世紀）の発明といわれていますが、望遠鏡の発明者はわかっていません。望遠鏡が短期間で進歩を遂げ、航海黄金時代の到来に大きな貢献を果たしたのに対し、顕微鏡の進歩は比較的遅く、ドイツやイギリスを中心に飛躍的に進歩を遂げたのは十八世紀半ばのことでした。いずれにしても顕微鏡と望遠鏡の出現は近代科学誕生の象徴であり、イタリアから西部ヨーロッパに広がっていった近代ルネッサンスの勃興《ぼっこう》とともに、近代科学の発展に大きく貢献しました。

――最初に微生物を観察した人物

微生物の発見は顕微鏡の発明なくしては果たせないことですが、肉眼では見ることのできない微

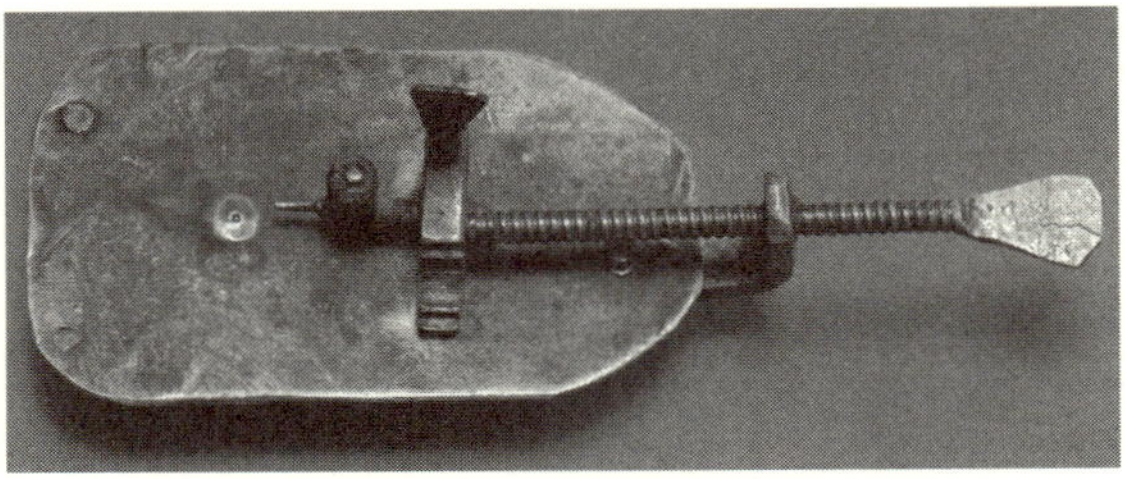

図1-1　レーウェンフックが考案した単式顕微鏡
この顕微鏡は長さ約66mm×幅約18mmの大きさで、生物学の歴史に残した業績からは考えられないほど小さい。

小な物体を最初に見た人は顕微鏡を発明したアントニー・レーウェンフック（一六三二〜一七二三）でした。オランダのデルフトに生まれた彼は幼少のとき父親を失いました。彼の母は市の職員か自営業者として身を立てさせるつもりでした。その修業のために彼は七歳のときアムステルダムに住む伯父のもとに預けられ、呉服商の見習いとして約六年間そこで過ごしました。その後、故郷のデルフトに戻り結婚します。彼は織物商を営むかたわら、市の債務保証をおこなう財務管理の仕事に従事し、収入も安定してきました。五人の子供にも恵まれ、幸福な人生を歩むかに見えましたが、次々と子供を失い、一六六六年には最愛の妻バーバラ・ドゥ・メイをも失いました。やがて彼は再婚することになりますが、再婚相手の父親が牧師であったこともあり、再婚はデルフトの知識層の人々との親交を深めるきっかけになりました。

——単式顕微鏡の功罪

一つのことに熱中する性格のレーウェンフックは若いときから光り輝くガラスに強い興味をもっ

ており、自分で磨いたガラスを用いて物を拡大させることに関心をもち続け、ついに単式顕微鏡をつくり上げたのでした。複数のレンズを組み合わせてつくる顕微鏡を複式顕微鏡というのに対し、一つのレンズでできた顕微鏡を単式顕微鏡と呼んでいます。図1—1に彼がつくった顕微鏡を示しました。彼はこの顕微鏡を用いてさまざまなものを観察し、人類がかつてみたこともなかった奇妙な形をした小さな生物を「アニマキュール」と名づけて、微小な世界の観察記録を克明に記してはロンドン王立協会に送りました。その書簡の数は二五〇篇にも達しました。書簡を受け取ったロンドン王立協会ではその観察記録が本物であるか否かを検証する必要がありました。その検証の仕事をしていたのがロバート・フックでした。彼はロンドン王立協会の技術員でしたが、当時の単式顕微鏡は使いこなすのにかなりの熟練が必要であり、彼自身も苦労をしていたようです。そこで単式顕微鏡をなんとか使いやすくするために改良に改良を重ねているうちについに複式顕微鏡をつくりあげてしまいました。これが世界で初めての複式顕微鏡であったのです（図1—2）。一六六五年に彼が著した有名な『ミクログラフィア』（図1—

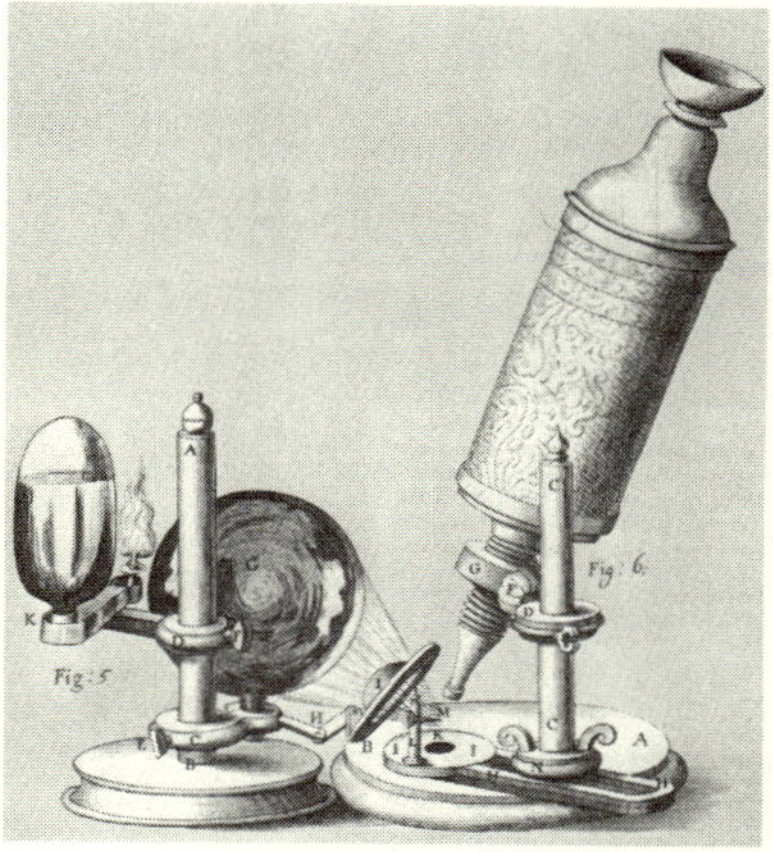

図1-2　フックが考案した複式顕微鏡

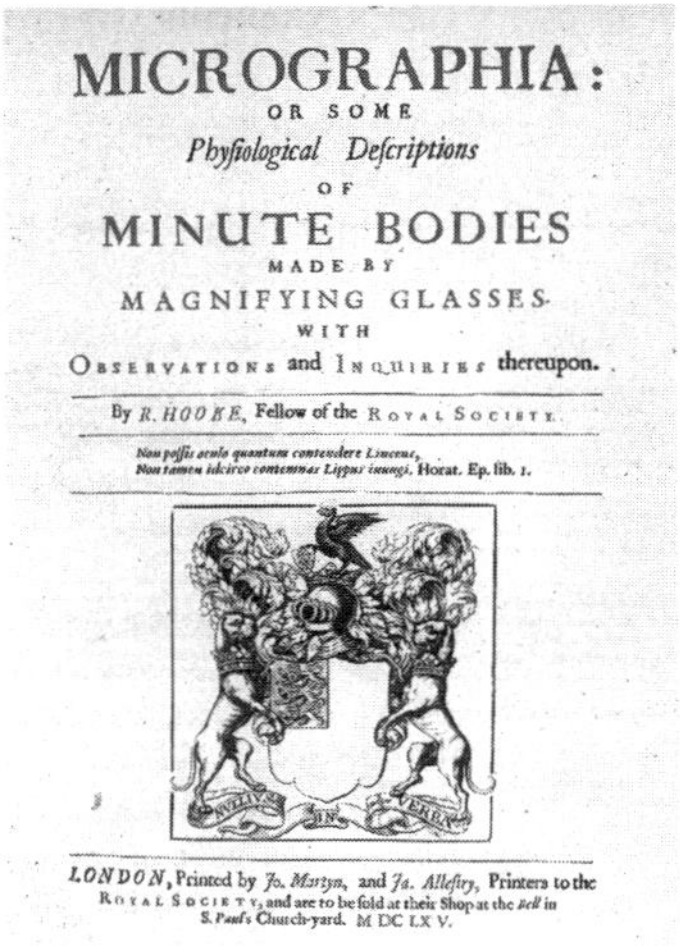
MICROGRAPHIA:
OR SOME
Physiological Descriptions
OF
MINUTE BODIES
MADE BY
MAGNIFYING GLASSES.
WITH
OBSERVATIONS and INQUIRIES thereupon.

By *R. HOOKE*, Fellow of the ROYAL SOCIETY.

Non possis oculo quantum contendere Linceus,
Non tamen idcirco contemnas Lippus inungi. Horat. Ep. lib. 1.

LONDON, Printed by *Jo. Martyn*, and *Ja. Allestry*, Printers to the ROYAL SOCIETY, and are to be sold at their Shop at the *Bell* in S. *Paul's* Church-yard. M DC LX V.

図1-3　『ミクログラフィア』の表紙

3）にはケカビの胞子嚢《ほうしのう》とバラのサビ病菌であるグラグミディウムの胞子が見事な描写力で描かれています。

レーウェンフックは生涯好奇心と熱意を失わず、鋭く、クールな観察者であり続けましたが、長い間顕微鏡の作り方を明かさなかったために、当時の科学者たちが彼の観察結果に疑いを抱き、彼の功績に対してしばらくは高い評価がなされませんでした。やっとベルギーのルーベン大学からメダルが授与され、その功績が初めて称えられたのは、彼が八四歳になってからでした。そのメダルには、ラテン語で「観察したものは小さいが、名声は非常に大きい」と記されていました。

パスツールの偉業と乳酸菌の発見

この世に微生物が存在することを科学的方法によって最初に証明した人はフランスの大科学者ルイ・パスツール（一八二二〜一八九五）（図1—4）でした。彼は「小さな生物が自然に湧く」とするそれまでの生物自然発生説を否定し、「すべての生物は生物から発生する」ことを一八五七年に科学的手法により見事に実証しました。

——結晶の研究から発酵の研究へ

パスツールは宝石のように光り輝く結晶の構造に魅せられ、最初結晶の研究に取り組みました。ブドウ酒製造のときにできる酒石酸と呼ばれる柱状の結晶が光に対して特有な性質をもち、*l*—型と*d*—型があることに気づきました。*l*—型と*d*—型とはある特定の波長をもつ光を当てたとき、その光を偏らせる方向が違っていて、右方向に偏らせるものを*d*—型、左方向に偏らせるものを*l*—型といいます。そして、元素組成が同じでも特定の光に対する応答が異なる分子どうしを光異

図1-4　パスツール
(Pasteur, L. 1822-1895)

性体といいます。

この研究をきっかけに彼の関心はやがて発酵現象へと広がり、培地の中でアルコールや乳酸がつくられていく現象を詳細に研究することになります。発酵が微生物によってなされるとする確信のもとに、アルコール発酵や乳酸発酵をおこなう微生物として酵母や乳酸菌を見出したのです。さらに、パスツールはブドウ酒が酸っぱくなる現象はブドウ酒の製造過程に混入する酢酸菌が原因であり、加熱によって混入菌の増殖を止めることができることを突き止め、加熱と殺菌との関連性を明らかにしていきました。今日、低温殺菌（六三～六六℃で、三〇分加熱すること。牛乳などの殺菌に用いられています）のことを彼の名にちなんで英語でパスツリゼーション（pasteurization）というのもこうした理由からです。

さらに、パスツールはウシの炭疽病や人間の狂犬病に対するワクチンの開発にも大きな功績を残し、それらワクチンの開発者としても知られています。乳酸菌の発見や多くの物質の性質を特徴づける上できわめて重要である光異性体の概念を導き出した功績も実に偉大です。そして地球上のあらゆる生物が自然に湧いて出てくるようなことは絶対にないことを科学的に証明したことは、今日彼が「微生物学の祖」と呼ばれるゆえんです。天才とはずば抜けた努力家でもあったパスツールのような人を指していうのだと思いますし、「天才とは努力の異名なり」とはいい得て妙なる言葉です。

――チーズやヨーグルトの乳酸菌の発見

パスツールによる乳酸菌の発見をきっかけに、チーズやヨーグルトの製造にかかわっている乳酸菌が次々と発見され、二十世紀の初頭には主要な乳酸菌のほとんどが見出されました。

まず、一八七三年にリスターが酸乳からバクテリウム・ラクチスを発見しました。この菌は現在ではラクトコッカス・ラクチス（*Lactococcus lactis*）と呼ばれ、さまざまなチーズの製造に用いられており、また伝統的な発酵乳やナチュラルチーズの菌叢《きんそう》（草むらを「叢」と書きます。微生物が草むらのように群れをなして存在することを「菌叢」といいます）を構成する乳酸菌として知名度の高い乳酸菌の一つです。続いて、一八八九年にティッサーがビフィズス菌を、一九〇〇年にモロが乳酸桿菌であるラクトバチルス・アシドフィラス（*Lactobacillus acidophilus*）を発見しました。一九〇四年にはヨーグルト飲用による不老長寿説を打ち立てたメチニコフがヨーグルト中の乳酸菌の分離と同定をおこないました。その後、オルラ・ヤンセンがヨーグルト乳酸菌の分類を系統化し、一九一九年までにサーモバクテリウム・ブルガリカス（現在のブルガリカス菌*Lactobacillus delbrueckii* subsp. *bulgaricus*）やストレプトコッカス・サーモフィラス（*Streptococcus thermophilus*）といった乳酸菌が見出されました。

今日ではおよそ一〇〇種類もの乳酸菌が発見されており、それらの中には発酵肉製品、発酵水産食品、酒類、醸造製品、発酵豆乳、漬物、果実加工品、パンなどに関与する乳酸菌も数多く見出されています。さらに、最近は乳酸菌が生産する乳酸からポリ乳酸やグリコール酸—乳酸重合体をつくり、縫合糸や骨接合材それに包帯などに利用され、医療分野での貢献も注目されています。その他、ウシやヒツジといった反芻《はんすう》家畜の飼料に用いるサイレージ（発酵させた牧草）にも乳酸菌が大きく関与しています。

乳酸菌は植物か動物か

――リンネの功績

図1-5　カール・フォン・リンネ
（Linné, C. von 1707-1778）

スウェーデン人で博物学者であるカール・フォン・リンネ（一七〇七～一七七八、図1―5）は、生物分類学の基礎を築いた最初の人でした。彼は生物の細胞に着目し、細胞壁をもっている生物を植物界、もっていないものを動物界とする二界説を提唱しました。リンネは神の創造物である生物に名前をつけることが自分の使命であると確信し、多くの動植物に学名をつけていきました。今もリンネが命名した植物や動物がたくさん存在するのはそのためです。やがて微生物が発見されると、この二界説は改変を迫られることになり、植物界、動物界に原生生物界を加えた三界説が生まれました。しかし、

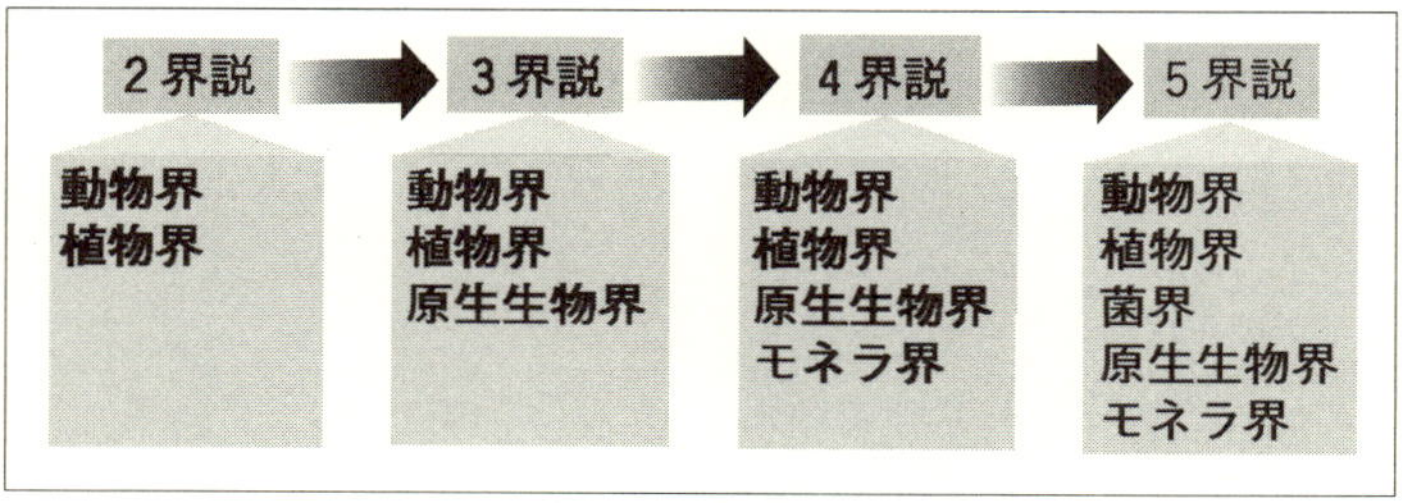

図1-6　生物界の分類

科学が進歩するにつれ植物界の中に位置づけられていた菌類を独立した界として設けることの妥当性が容認され、植物界、動物界、原生生物界に菌界を加えた四界説が生まれました。さらに、アメリカの生物学者ホイタッカーは細菌（バクテリア）や藍藻類（シアノバクテリア）のように細胞内の核が核膜で包まれていない原核生物界（モネラ）を新たに加えることを提案し、五界説が生まれました（図1―6）。この五界説は高校の生物の教科書によく出てくることからご存じの方も多いと思います。

――五界説にかわる生物の分類法

しかし、この五界説にもとづく生物の系統分類も今日では古くなりつつあり、現在はアメリカの微生物学者であるウーズが唱えた三ドメイン説が主流になっています。ドメインとは「領域、範囲」という意味です。この三ドメイン説は従来の五界説とは根本的に異なった分類法であり、リボゾーム中のＲＮＡ（ｒＲＮＡ）の塩基配列の違いに着目したものです。すべての生物の細胞中に見出されてい

図1-7　ウーズによる3ドメイン説

るリボゾームはタンパク質を合成する小粒子のことです。三ドメイン説はｒＲＮＡの塩基配列が大別して三種類のグループに分けられることから生まれた概念です。図１―７に示すように、三ドメイン説によると生物は、バクテリア（真正生物）、ユーカリア（真核生物）、アーキア（古細菌）に分類されます。

リボゾームＲＮＡの一つに16ＳｒＲＮＡ（真核生物では8ＳｒＲＮＡ）と呼ばれるものがあります。この16ＳｒＲＮＡは生物が進化を遂げる過程でもゆっくりと変化してきたことを特徴としています。このことから16ＳｒＲＮＡの塩基配列を調べることはその生物の古さを推定する上できわめてすぐれた方法であるというわけです。つまり、16ＳｒＲＮＡの塩基配列はまさに進化の履歴を知ることのできる進化時計なのです。今日、細菌の分類法は16ＳｒＲＮＡの塩基配列の相同性を根拠になされることが多く、従来分類されていたものが新しく組み替えられたり、新しい属が設けられたりして常に書き改められており、乳酸菌もその例外ではありません。

すべての生物は、「界」、「門」、「綱」、「目」、「科」、「属」、「種」、

「亜種」の順で系統的に分類され、命名されています。たとえば、人間の場合で説明しますと、三ドメイン説ではユーカリアドメイン　動物界　脊椎動物門　哺乳類綱　霊長目　ヒト科　ホモ属　サピエンス種となります。一つの生物の学名を「界」からいいはじめると、「寿限無《じゅげむ》　寿限無《じゅげむ》　五《ご》却《こう》のすり切れ　海砂利水魚《かいじゃりすいぎょ》の水行末《すいぎょうまつ》　雲行末《うんぎょうまつ》　風来末《ふうらいまつ》　食う寝る所に　住む所　藪《やぶ》ら小路《こうじ》　ぶら小路　パイポ　パイポ　パイポのシューリンガン　シューリンガンのグーリンダイ　グーリンダイのポンポコピーのポンポコナー長久命《ちょうきゅうめい》、長久命《ちょうきゅうめい》の長助《ちょうすけ》」のようにたいへん長くなり、落語の世界に入ってしまいますので、通常は属名と種名（必要に応じ亜種名も）のみで呼ぶことになっており、したがってヒトの学名はホモ・サピエンス（*Homo sapiens*）ということになります。

微生物の場合もまったく同じで、たとえば、大腸菌の学名は属名の「エッセリシア（*Escherichia*）」をまず書き、次に種名である「コリ（*coli*）」を書きます。つまり、エッセリシア・コリ（*Escherichia coli*）となるわけです。

乳酸菌やビフィズス菌は、五界説では原核生物界（モネラ界）、三ドメイン説ではバクテリアドメインに入ります。三ドメイン説で分類すると、ビフィズス菌はアクチノバクテリア門に、桿状の乳酸菌である乳酸桿菌はファーミキューテス門に分類され、ビフィズス菌と乳酸桿菌は門レベルで違う細菌であることがわかります。

乳酸菌の仲間は一〇〇種以上

――DNAとRNAの比較で増えた種類

乳酸菌は微生物の中でもこの地球上に早くから存在していた細菌であり、酸素が豊富に存在する環境よりも酸素がまったくないか、あってもごくわずかの酸素濃度の環境を好みます。自分で増殖に必要な栄養分を自らの力でつくっていく独立栄養菌とは異なり、ミルクのように栄養素が豊富にある場所に棲みつくといった強い栄養従属性をもっています。その上、乳酸菌はたくさんの栄養成分を要求する美食を好むたいへんわがままな細菌なのです。

乳酸菌の特徴はなんといっても炭水化物から多量の乳酸を生成することと、ブドウ糖から生成する有機酸のうち乳酸が五〇%以上占めることにあります。これに該当するものとして当初はラクトバチルス、ストレプトコッカス、ペディオコッカス、ロイコノストックの四つの属が知られていました。しかし、DNAやRNAの塩基配列を比較する方法が確立されるにつれて、さらに詳細に分類がなされ、現在ではこれらの他にエンテロコッカス、ラクトコッカスなど全部で一五の属に分類され、個々の菌種としては一〇〇種類以上の細菌が乳酸菌として知られています。

——乳製品にかかわるおもな乳酸菌

ここで、乳製品にかかわりの深い乳酸菌のおもなものについて紹介したいと思います。

(一) ラクトバチルス (*Lactobacillus*) 属

ラクトバチルス属は乳酸菌の一五ある属の中でもっとも大きな属で、約七〇菌種がここに属しています。ラクトバチルス属の菌種は自然界に広く分布しており、耐酸性にすぐれているのが特徴です。この場合の耐酸性とはpH四〜五の酸性状態で生育できる能力をいいます。また、乳製品製造上重要な菌種が多く、発酵乳の製造に欠かすことのできないブルガリカス菌はその代表的な菌種です。カゼイ菌 (*Lb. casei*) は乳酸菌飲料やチーズの製造に用いられ、後述するプロバイオティクスとしてよく知られた乳酸菌です。この属に位置づけられている菌種は栄養要求などの生化学的性質や遺伝子型も多様で、G+Cモル比が三二〜五三%と広く、形態は桿菌《かんきん》です。また、グルコースからの発酵形式がホモ型発酵の菌種と、ヘテロ型発酵の菌種があります。前者はグルコースから乳酸のみが、後者は乳酸の他に炭酸ガスとエタノールが生成する発酵形式をいいます。

(二) ラクトコッカス (*Lactococcus*) 属

ラクトコッカス属には五菌種あり、その中でラクチス菌 (*Lc. lactis* subsp. *lactis*) がチーズや発酵バターなどの乳製品と深い関係をもっています。その他、クレモリス菌（*Lc. lactis* subsp. *cremoris*）、ダイアセチラクチス菌（*Lc. lactis* subsp. *diacetylactis*）などがこの仲間です。いずれもグルコースからの発酵形式はホモ型発酵です。

（三）ストレプトコッカス（*Streptococcus*）属

ストレプトコッカス属はヒトの口腔《こうこう》、動物、臨床試料などに潜む乳酸菌です。虫歯菌として知られるミュータンス菌（*St. mutans*）もこの属に含まれています。しかし、この属の中にあってサーモフィラス菌（*St. thermophilus*）は乳製品製造上重要な唯一の菌種です。サーモフィラス菌はブルガリカス菌と併用してヨーグルトのスターターに用いられています。いずれもグルコースからの発酵形式はホモ型発酵です。

（四）ロイコノストック（*Leuconostoc*）属

ヘテロ発酵型の球菌で、チーズや発酵乳の製造上重要な菌種としてメセンテロイデス菌（*Leu. mesenteroides*）やパラメセンテロイデス菌（*Leu. paramesenteroides*）などがあります。

（五）ビフィドバクテリウム（*Bifidobacterium*）属

ビフィズス菌と呼ばれる菌種はこの仲間に入り、本来の乳酸菌の定義からはずれますが、ヒト腸管内に棲息し、保健効果にきわめてすぐれていることから、乳酸菌と関連づけて述べられることが多いのです。主要な菌種として、ビフィダム（*B. bifidum*）、インファンティス（*B. infantis*）、ロングム（*B. longum*）などがあります。

ヒトの腸管に棲むビフィズス菌

――ビフィズス菌は酸素が嫌い

すでに述べたように、乳酸菌は乳酸を多量生成し、表1―1に示す特性をもつ細菌の総称で、あくまでも便宜的につけられた名称です。それに対し、ビフィズス菌はビフィドバクテリウム属の菌をいい、細菌学の分類法にしたがってきちんと分類されている細菌群の名称です。ビフィズス菌は酸素を嫌うことから、酸素のない腸管が格好の棲息場所ということになります。人工栄養児に比べて母乳栄養児のお腹にはたくさんのビフィズス菌が棲みついています。ビフィズス菌にはおよそ三〇種という多くの種類があり、前述したようにビフィドバクテリウム・ビフィダム、ビフィドバクテリウム・ロングム、ビフィドバクテリウム・アニマリスなどがあります。

乳酸菌の菌形が桿状《かんじょう》または球状であるのに対し、ビフィズス菌の菌形はV、YもしくはI字形をなしています（図1―8）。また、乳酸菌のように多量の乳酸をつくらず、乳酸の他に酢酸を生成するのがビフィズス菌の特徴です。これらのことを除くと、ビフィズス菌は表1―1に示した条件を満たしており、その意味では乳酸菌とよく似ています。とりわけヒトのお腹ですぐれた保健効果を発揮するビフィズス菌は乳酸菌の仲間として論じられることが多いのです。

ビフィズス菌も乳酸菌もともに嫌気性細菌ですが、ビフィズス菌が酸素を強く嫌うのに対し、乳酸菌は多少酸素があっても増殖することができる場合が多いのです。したがって、私たちのお腹の中だけではなく、酸素が触れるヨーグルトやチーズの製造に使われたり、漬物、味噌などの伝統食品にも数多く見出され、棲息範囲がビフィズス菌よりも広いのが特徴です。乳酸菌もビフィズス菌も人間の体温と同じくらいの温度を好み、昔から人間の住む環境によく馴染んできました。

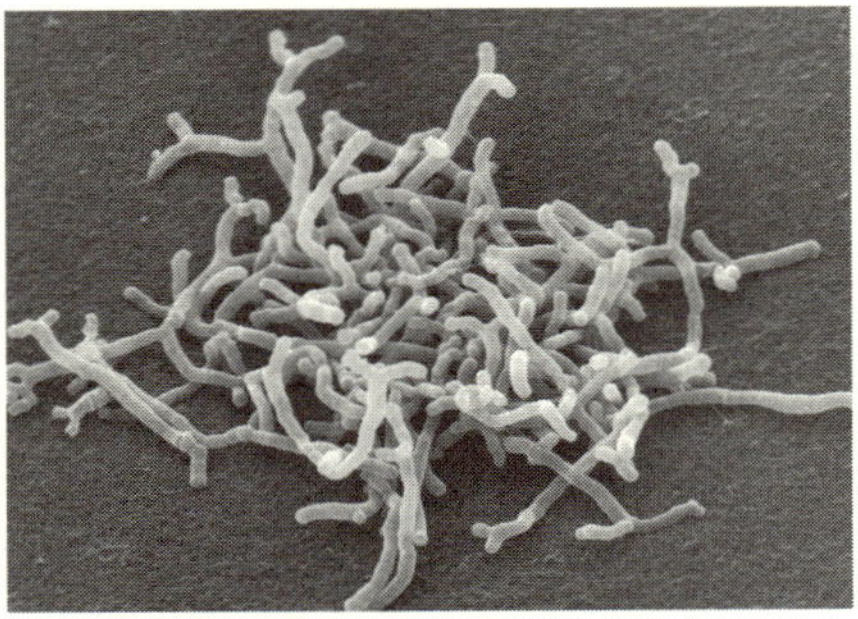

図1-8　ビフィズス菌

――ビフィズス菌と乳酸菌の違い

ビフィズス菌と乳酸菌の似ているところと、似ていないところを説明してきましたが、実は乳酸菌とビフィズス菌の間にはもう一つの特徴的な相違点があります。その特徴的な違いは細胞に存在する核酸にあるのです。

核酸は単純なウイルスから高等動物まであらゆる生物の細胞に存在し、自己増殖やタンパク質合成の担い手になっています。核酸には二種類があり、一つはデオキシリボ核酸（DNA）であり、もう一つがリボ核酸（RNA）です。核酸はその中にリン酸を含むために酸性の物質であり、通常塩基性のタンパク質と結合して核タンパク質として存在しています。塩基性のタンパク質は核酸塩基と呼ばれています。DNAに存在する核酸塩基にはアデニン（A）、グアニン（G）、チミン（T）それにシトシン（C）の四つが、RNAの場合ではアデニン（A）、グアニン（G）、ウラシル（U）それにシトシン（C）の四つがあります。核酸はその生物の特徴を決定する物質ですので、まさに上記の核酸塩基の配列の仕方と含量によってその生物のもつすべての特徴が決定されることになります。したがって、DNAを構成するA、G、T、Cのモル数に対するグアニンとシトシンの合計（G＋C）の比率（％）が生物間の異同の程度を知る尺度としてしばしば使われます。すなわち、乳酸菌とビフィズス菌のGC含量比率（％）の違いを比較すると、表1―1に示すように乳酸菌がすべて五五％以下であるのに対しビフィズス菌では五五％以上であることがわかります。このGC含量比率（％）はそれぞれの微生物の遺伝形質の特徴を把握する上できわめて重要な手段になっていることはいうまでもありませんし、分子生物学的に見た場合の乳酸菌とビフィズス菌の本質的な違いとして捉《とら》えることができます。この本質的な違いは前述したように進化時計としてのリボゾームRNA（16SrRNA）の塩基配列の違いにも明確に現れていて、たとえば乳酸菌桿菌とビフィズス菌では門レベルで異なっており分類学上では別個の細菌であるといえるのです。

乳酸で省エネ呼吸を可能にする

細菌の世界には、炭酸ガスだけを使って自分で栄養素をつくり出していけるものが存在します。このような細菌を独立栄養細菌と呼んでいます。それに対して、自らの生命を維持するために外界から栄養成分を取り込まなければならない細菌を従属栄養細菌と呼び、すでに説明したように乳酸菌は後者に属する細菌です。

――発酵＝酸素を必要としない呼吸

乳酸発酵やアルコール発酵のように従属栄養細菌が人間の生活に有用なものを生成することを「発酵」と呼ぶ場合がありますが、生化学の世界では「発酵」は呼吸形式の一つを意味して使われます。呼吸とは酸素を取り込んで炭酸ガスを出すことである、と思われるかもしれませんが、それは呼吸の一つの形式をいっているにすぎません。実は、呼吸には酸素を必要とする呼吸（酸素呼吸）と酸素を必要としない呼吸（無酸素呼吸）があり、酸素を必要としない呼吸のことを「発酵」と呼んでいます。

発酵によって細菌は外界から取り込んだ栄養物からエネルギーを取り出し、ＡＴＰ《エイティピー》（アデノシントリホスフェート）という高いエネルギーを発生することができる分子の形につくりかえて自己の細胞の増殖に利用していきます。ＡＴＰの役割は、細菌に限らずヒトを含めたあらゆる生物においても同じであり、ＡＴＰをたくさんつくれる生物は、それだけ大きな代謝エンジンをもっていることになります。

無酸素呼吸（つまり発酵）をおこなう微生物のエンジンは酸素呼吸をする微生物よりも小さく、通常一分子のグルコースを消費してたった二分子のＡＴＰをつくる力しかもっていません。しかし、無酸素呼吸をする細菌は原始的ながら、その小さいエンジンをうまく動かし、三五億年もの間生命を維持させてきました。そのエンジンの動かし方は微生物によって異なっていますが、乳酸菌の場合は次のようにしてＡＴＰを産生させています。

――小さなエンジンで高い効率を

乳酸菌には生命維持に必要なＡＴＰを連続的に生み出すために図１―９に示すようにピルビン酸から乳酸が生成する経路をつくって、ＮＡＤＨからＮＡＤ＋《プラス》を再生し、グリセルアルデヒド３―リン酸から１、３―ビホスホグリセリン酸が生成する反応に供給してその部分の反応（図１―９の点

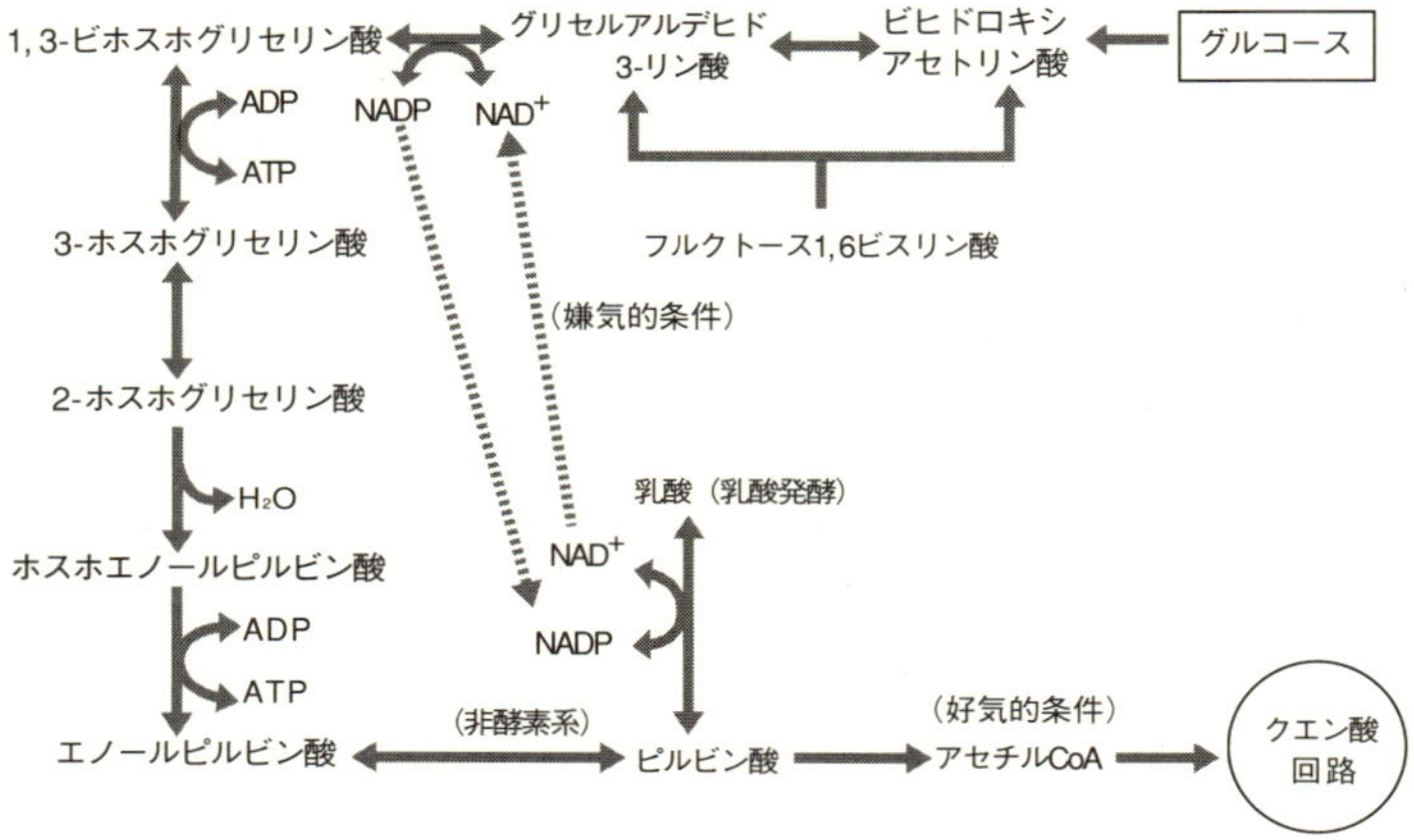

図1-9　解糖系の反応

乳酸菌は、小さなエンジンで効率よく高いエネルギー（ATP）を得るために、ピルビン酸から乳酸を生成する経路をつくって、そこから補酵素（NADHとNAD^+）を再生し、それをグルコースを生成する過程で再利用している。

線部分）を進めているのです。したがって、乳酸菌はピルビン酸から乳酸をつくる経路をもつことによって呼吸をし、死から免れることを可能にしているのです。

さて、ここに出てくるNADHやNAD＋《プラス》とはなんであるかについて少し説明しておきたいと思います。酵素反応というのは酵素と呼ばれる特殊なタンパク質によって物質Aから物質Bが生成することをいいます。通常は温度やpHの条件がそろえば酵素が働き出し、反応を進めます。しかし、図1―10に示すように、酵素の中には補酵素と呼ばれる非タンパク質の物質を結合しないと酵素反応に進めないものがあります。そういう性質をもった酵素をアポ酵素といい、アポ酵素に補酵素が結合した状態をホ

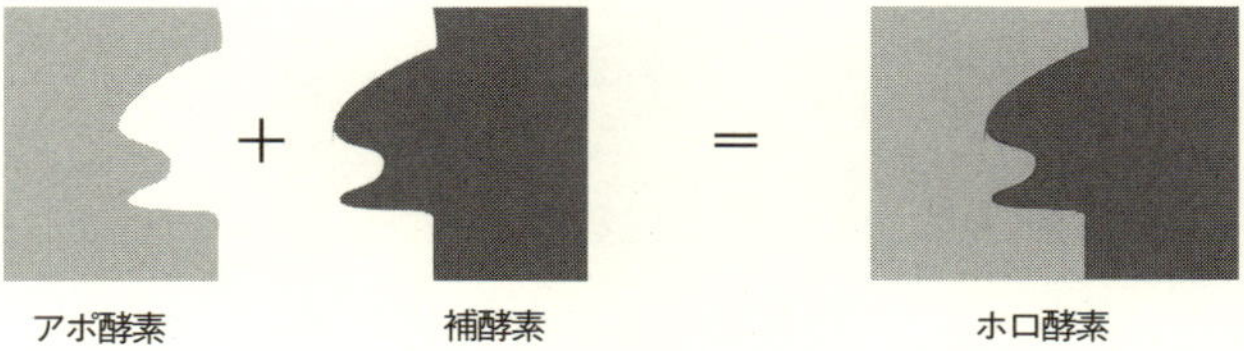

図1-10　アポ酵素と補酵素が結合してホロ酵素になる

ロ酵素と呼んでいます。つまり、ホロ酵素になって初めて酵素反応が進むわけです。NADHやNAD＋《プラス》はともに補酵素（英語でコーファクター、cofactorといいます）であり、たとえば図1―9にあるように、グリセルアルデヒド3―リン酸から1、3―ビホスホグリセリン酸が生成する反応を触媒するグリセルアルデヒド3―リン酸デヒドロゲナーゼという酵素が働く上できわめて重要な役割を果たしているのです。私たちの体にはたくさんの酵素が存在しますが、それらの酵素が勝手に反応を進めたらたいへんなことになりますので、ある時はアクセルを踏んで反応を進め、ある時はブレーキを踏んで反応を止めることが必要です。そうした役割を果たしているのが補酵素というわけです。乳酸菌でも同じことがいえるのです。

　NADHとNAD＋《プラス》は本来的に同じ物質ですが、前者は還元型、後者は酸化型です。ガソリンが燃える現象はガソリン中の炭素が酸素と反応することであり、燃焼（酸化）によって私たちは車を走らせることができます。これと同じように、乳酸菌も外部から取り込んだ栄養物を細胞内で燃焼させているのですが、その燃焼反応を触媒する酵素が補酵素と結合して、自ら酸化したり、還元されたりを繰り返しながら実に巧妙にその燃焼反応を維持しているのです。

2章　ミルクと乳酸菌の出会い

牧畜のはじまりと発酵乳の出現

――牧畜のはじまり

人類がいつ頃乳を食用として利用し始めたかは未だ推測の域を脱していないものの、最初西アジア地域において有蹄類の草食動物が飼育され、その生活様式から乳利用の文化が生まれてきたとの見方が、民族学者による見解の一致するところです。西アジア地域とはカスピ海から黒海、地中海にいたる地域ならびにアラビア半島を包含した一帯をいいます（図2―1）。

家畜化がもっとも早かったものの一つがヤギで、紀元前八〇〇〇年ないし七〇〇〇年頃といわれています。イラクとイランの国境沿いに横たわるザグロス山脈の麓で家畜化されたヤギは次第にアフリカ、ヨーロッパそしてアジアに拡散していったといわれています。ヒツジの家畜化はヤギより

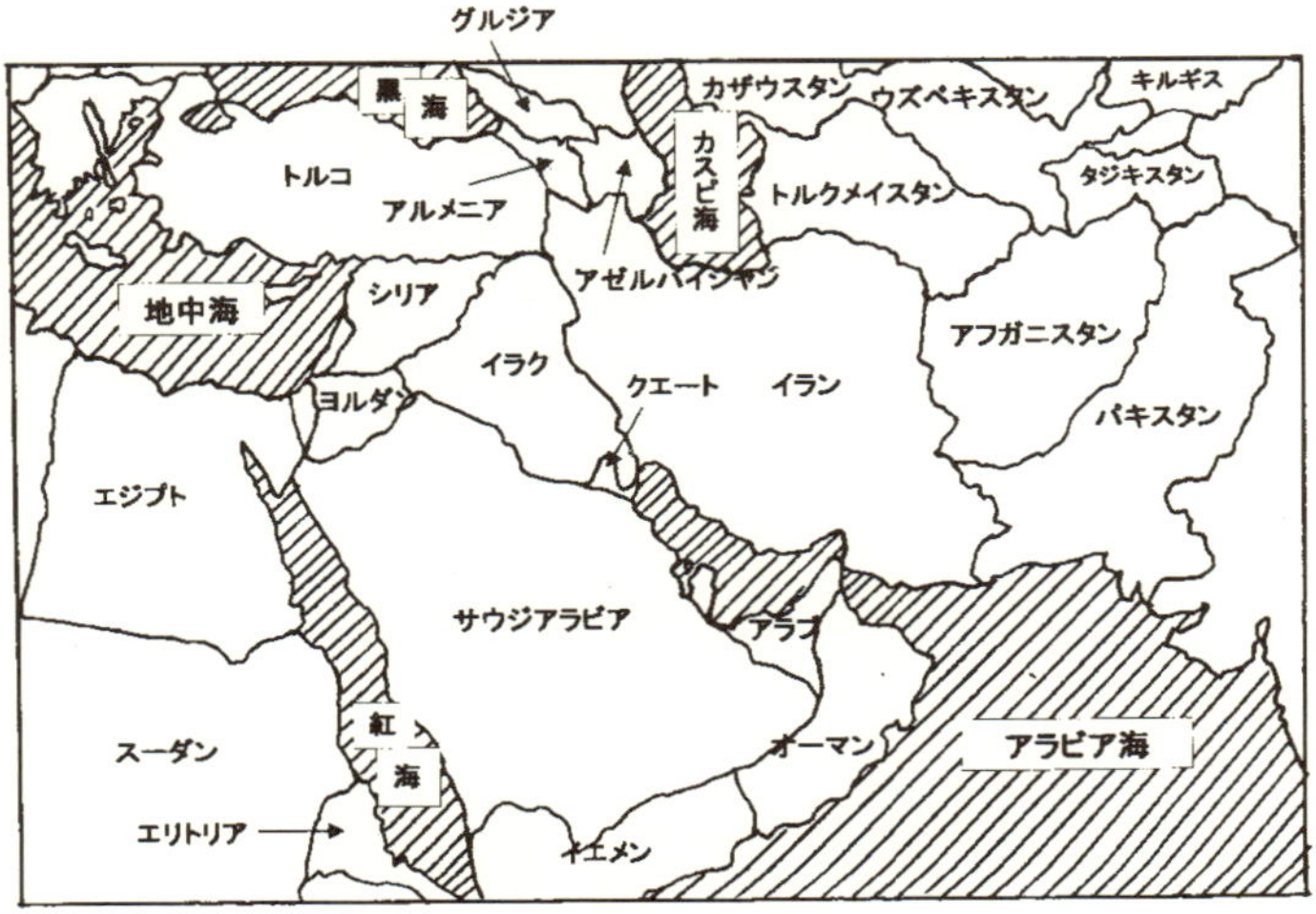

図2-1　アラビア、地中海地域
ヤギやヒツジ、ウシの家畜化は西アジアに起源し、その生活様式から、乳利用の文化が生まれてきたと見なされている。

も少し遅れて進行しました。場所は北東中央アジア、カスピ海南部からウラル地域、それに南東中央アジアの山岳地域とされています。ウシは歴史を辿《たど》れば学名ボス・プリミゲニウスと呼ばれるウシが原牛であり、西アジアを出自としています。紀元前八〇〇〇年頃に西アジア地域で家畜化されたと見なされています。

――ミルクの保存技術の獲得

ヤギ、ヒツジ、ウシなどの哺乳動物の牧畜様式が確立されると、人類は積極的にそれらのミルクを自らの食料に取り入れることを始めました。それにともなって、腐りやすいミルクをできるだけ長く保存させるための加工技術も磨かれていきました。そうした家畜管理の技術やミルクの加工技術を各地域へ広める上では、ラクダを飼育して遊牧の生活を営むベドウィンたちが大きな役割を果たしました。やがて、それぞれの地域の気候や風土に合ったさまざまな乳製品がつくり出されるようになりましたが、その中心をなすものが発酵乳（酸乳、凝乳）だったのです。

図2-2　シュメール人が描いた石刻

紀元前3000年頃に刻まれたこの石刻には、土器による集乳、牛乳の濾過とバター製造など、乳利用の文化を跡づける様子が描かれている（大英博物館所蔵）。

発酵乳の誕生はたまたまミルクが自然発酵しただけのことにすぎませんが、ミルクを自然発酵させる方法が技術となり、その技術が継承されていきました。ローマ皇帝ヘリオガバルス（Heliogabalus、別名Elagabalus、紀元二一八～二二二）の伝記には二種類の発酵乳、「Opus lactorum」と「Oxygala」の製造が記されています。また、メソポタミア文明を生み出したシュメール人が紀元前三〇〇〇年頃に刻んだ石刻には搾乳、土器による集乳、牛乳の濾過とバター製造などの様子が描かれています（図2―2）。

――シルクロードの役割

発酵乳のこのような広範囲にわたる伝播の軌跡にはシルクロ

図2-3　コッホの研究室に集まった学者たち
前列右端がメチニコフ（Metchnikoff, E. 1845-1916）

ードが一大舞台になったことは事実です。シルクロードを経由した発酵乳中心の乳加工技術は中央アジアおよび内陸の遊牧生活を営む民族、たとえば、コザック、キルギス、アルタイ、ヤクートといったトルコ民族、ブラジェス、カルムイク、ツビン、タタールといったモンゴル民族、それにアゼルバイジャン、タジクといった民族によって西アジアからモンゴル、インド、チベット方面へと伝播されていきました。『東方見聞録』で有名なマルコ・ポーロ（Marco Polo、一二五四～一三二四）もこのシルクロードを通り、その旅行記にダッタン人（モンゴル人）が酸乳飲用の習慣を有していることを伝えています。

　このように世界の各地に根づいた発酵乳は現存するものだけでも四〇〇種類を数えます。その代表的なものがヨーグルトです。二十世紀の初頭、エリー・メチニコフ（一八四五～一九一六、図2―3）はブルガリア地方を旅し、ブルガリア人がブルガリカス菌を多量に含有するヨーグルトを常食していることを知り、この地方の人たちが長寿を保っている秘訣はヨーグルトの常食にあると考えました。つまり、ヨーグルトに含有されるブルガリカス菌を生菌の状態で多量に摂取すると、大腸で腐敗菌が抑制されて早期の老衰と短命を防止できると推論しました。メチニコフは免疫理論を確立してノーベル賞を受賞したロシアの科学者です。彼が「楽観者のエッセイ」（Essai de philosophie optimite, 1903）で記した不老長寿の説は、ヨーグルトの価値を過大評価したものではありましたが、ヨーグルトが当時のヨーロッパに広がるきっかけをつくったことは事実です。また、メチニコフが唱えた不老長寿説はヨーグルトの栄養・生理学的効用についての多彩な研究を促すきっかけにもなりました。

聖書にも仏典にも出てくる発酵乳

――三つの乳加工法

牧畜を営む民族が生み出した古い時代の乳製品は発酵乳（酸乳）をもとにつくられるものが多く、その加工法の原形ともいえる方式は大別すると三つに分けられます。一つは搾乳した生ミルクを放置して、そこに混在する乳酸菌を主叢とする微生物の作用により発酵させて酸乳とし、それを原料としてさまざまな発酵乳製品をつくる方式です。二番目の方法は生ミルクを放置して浮上するクリームを杓子で掬《すく》い取り（これをスキミングといいます）、そのクリームを取り除いた酸乳を種々の乳製品の製造に、また掬い取ったクリーム層はバターなどの製造に用いる方式です。さらにもう一つの方法は仔牛の第四胃から抽出した凝乳酵素もしくはパパイア、パイナップルなどの植物から抽出した凝乳酵素を生のミルクに加えて凝固させ、さまざまな乳製品をつくる方式です。

今日商業的に製造販売されているヨーグルトや乳酸菌飲料などの発酵乳では使用される乳酸菌やビフィズス菌は純粋培養された菌株が使用され、かつきわめて高いレベルの衛生基準にもとづいてつくられていますが、製造法はミルクに乳酸菌やビフィズス菌を増殖させるといった、きわめて単純な工程で成り立っています。その単純さは今日のヨーグルトや乳酸菌飲料がミルクの自然発酵によってできた酸乳に由来していることを考慮すると十分納得できることです。

――聖書の中の発酵乳

酸乳は聖書や仏典にも登場し、古くから食されていたことが理解されます。旧約聖書には三人の天使を凝乳でもてなしたアブラハムの善行が記されています（『創世記』一八・一～一〇）。その一部を『新改訳　聖書』（いのちのことば社）より引用しますと、次のとおりです。

アブラハムは天幕のサラのところに急いで戻って、言った。「早く、ミセアの上等の小麦粉をこねて、パン菓子を作っておくれ。」そしてアブラハムは牛のところに走って行き、柔らかくて、おいしそうな小牛を取り、若い者に渡した。若い者は手早くそれを料理した。それからアブラハムは、凝乳と牛乳と、それに、料理した小牛を持って来て、彼らの前に供えた。

ここに出てくる「凝乳」とは牛乳に細菌が増殖して固まった乳のことで、ヨーグルト様の発酵乳を意味しています。本来、旧約聖書はヘブライ語で書かれていますから原著ではヘブライ語で「凝乳」を意味する「ハーラーブ」という言葉で記されています。紀元前一八〇〇年頃から六〇〇年頃にかけてのイスラエルでは搾乳してまもない新鮮乳が乳酸発酵によって生じる緩い凝固や発酵が進んで酸っぱくなったものも含めて全部ハーラーブといっていたようです。

——仏典に見られる発酵乳

一方、仏典にも発酵乳が登場しています。お釈迦様が涅槃《ねはん》のときお書きになったといわれる「大般涅槃経《だいはつねはんぎょう》」と呼ばれるお経には発酵によってミルクそのものが外観を変えている様が記されています。図2—4にその一節を示しましたが、その読みは、「善キ男子譬エバ牛ヨリ乳ガ出ズルガ如シ。乳ヨリ酪ヲ出、酪ヨリ生酥ヲ出シ、生酥ヨリ熟酥ヲ出ス。熟酥ヨリ醍醐ヲ出ス。醍醐最上ナリ。モシ服スル者有レバ、衆病皆除カル。」となります。文中に出てくる「酪《らく》」は牛乳が発酵により乳酸が蓄積された状態をいい、酸乳といわれるヨーグルト様乳製品を意味しています。この経文の意味は、「牛乳が発酵して酪ができ、それをゆっくり加熱しながら酪を煮詰めていくと生酥《せいそ》、熟酥、そして醍醐《だいご》ができ、香ばしい最高の風味をもった牛乳のエキスが生成する。そしてそのエキスを食べると諸々の病が除かれる効能が期待される。したがって、人も修業に励みながら徳を積み、最高の境地に達し、人に平安と安らぎを与えられるようにならなければならない。」ということであり、人の徳の涵養を乳製品に譬《たと》えながら諭している内容です。さすがにお釈迦様であると思います。

善男子譬如従牛出乳
従乳出酪
従酪出生酥
従生酥出熟酥
従熟酥出醍醐
醍醐最上
若有服之 衆病皆除

図2-4　大般涅槃経の一節

明治維新が日本にもたらした発酵乳

——古代日本の乳加工品

わが国において最初に乳加工の技術が導入されたのは、中国大陸との交流が始まった六世紀半ばのことです。その頃、大伴《おおとも》狭手彦《さでひこ》が高句麗から中国人（呉人）である智聡を伴って帰国したことをきっかけに、牛乳の飲用や加工技術が伝えられました。『類聚三代格』には智聡の息子である福常（善那）が大化年間に孝徳天皇（六四五〜六五〇）に牛乳を献じて和薬使主の姓を賜り、以後彼の子孫は乳長上という世襲職が与えられ、乳を扱う職をもって朝廷に仕えたと記されています。

八世紀に入ると、大宝律令が制定されて平城京に都が移され、律令国家がいよいよ誕生しました。新しい国では律令が整えられ、医薬局に相当する典薬寮に乳戸（宮中御用酪農家）を所属させるとともに、別院として乳牛院を置く規定が定められました。乳牛院で搾乳された牛乳は宮廷に用達され、酪や酥や醍醐などがつくられました。

酪、酥、醍醐について中国の本草書である『本草綱目』での記載をもとに若干の説明を加えると、次のようになります。酪は牛乳を攪拌しながら煮詰め、その時浮上する皮膜を取り除いた後、冷却して古い酪を少し加えて発酵させたもので、今日のヨーグルトに似た乳製品です。醍醐は牛乳を乳酸発酵させてできる酸乳をとろ火で一日かけてゆっくり煮詰めて、上に浮いてくる湯葉のような浮皮を集め、それをさらに煮詰めて最終的に得られる成分で、牛乳からつくられるチーズ様乳製品といえるものです。

ちなみに、酥と発音が同じですが、蘇は牛乳を静かに加熱し、長い時間をかけて煮詰め、もとの牛乳を体積にして十分の一に濃縮したものをいいます。つまり、酥は湯葉方式により、蘇は濃縮方式によってつくられ、前者の主成分がタンパク質と脂肪であるのに対し、後者はタンパク質、脂肪、乳糖の香ばしいキャラメル臭を放つ褐変物質で、醍醐の一歩手前のチーズ様乳製品です。

――開国とともに復活

平安時代における朝廷の人々を魅了した優雅な味をもつ醍醐がやがて平安朝の没落とともに衰退し、酪もまた幻の発酵乳になってしまいました。それ以降日本では牛乳・乳製品は姿を消し、約五五〇年の歳月が流れました。やがて徳川八代将軍吉宗が安房嶺岡牧場（千葉県）に白牛を導入し、一七九二年にチーズ様乳製品「白牛酪」を江戸幕府の官製品としてつくらせています。一方、この時代の庶民、特に農民にとってウシは農耕のための貴重な財産であり、人間よりも大切に飼育し、そこで得られる乳は仔牛に与えてきました。しかし、安政年間に黒船が来航し、唐人お吉とのロマンスでも名を馳せたタウンゼント・ハリスが牛乳を欲しがり、それを入手しようとしてまわりの人たちが東奔西走したという苦労話は有名です。

やがて鎖国が解かれ、慶応二年に東京で、また明治二年に大阪で早くも牛乳業者が誕生して、ようやく牛乳が庶民の口に入るようになりました。「人の子も育つ牛の乳」という明治初期の川柳があります。この川柳は牛乳を乳幼児に与えることに珍奇な思いを寄せる庶民の気持ちをうまく描写している点がおもしろいと思います。また、同時に進歩的な人たちによって牛乳の効能が喧伝されるようになりました。仮名垣魯文の滑稽小説『安愚楽鍋』（明治四年刊行）の挿絵には浅草蔵前にあった牛鍋屋「日の出屋」の暖簾に描かれた「牛乳」、「乾酪」、「乳油」、「乳の粉」の文字（図2―5）が文明開化の音を高らかに響かせています。一八九四年頃から発酵乳が「凝乳」という名称で整腸剤として販売されるようになりました。一九一二

図2-5　乳製品の売店風景
（『明治文化全集』（明治4年刊）より）

年には「滋養霊品ケフィア」の名前で東京麹町の阪川牛乳店において日本で初めてケフィアが販売されています。ヨーグルトという名称での発酵乳の販売は一九一四年、三輪善兵衛によってでした。

――「ビオフェルミン」の登場

時代が下り、一九三五年には代田稔博士がヒト腸管から分離した乳酸菌を用いた、ヨーグルトとはまったく形態の異なる日本独自の乳酸菌飲料の製造に着手し、一九三八年にヤクルトを商業登録しました。第一次世界大戦が勃発した一九一四年以前、ヨーロッパを中心につくられていた乳酸菌製剤であるインテスチフェルミンが輸入されていましたが、大戦の勃発で輸入できなくなりました。それに代わるものとして、一九一七年、神戸市に株式会社神戸衛生実験所が設立され、わが国最初の乳酸菌生菌製剤である乳酸菌整腸薬「ビオフェルミン」が製造・販売されました。一九四九年に商号をビオフェルミン製薬株式会社に変更し今日にいたっています。

一方、工業的規模で本格的にヨーグルトがつくり出されたのは、第二次世界大戦後の一九五〇年のことで、明治乳業が最初です。

四〇〇種類もある発酵乳

――ブルガリア生まれの発酵乳

世界各地に現存する民族的発酵乳は種類にしておよそ四〇〇種類もあります。その中でヨーグルトのみが民族的発酵乳の領域を脱して、商業的発酵乳として工業的に製造され、発酵乳といえばヨーグルトを意味するほどに確固たる地位を確立していきました。ヨーグルトの原産地はバルカン半島です。バルカン半島とは、ヨーロッパの東南部で、トルコのヨーロッパ部分、ギリシア、アルバニア、ブルガリア、そして一九九一年以前の旧ユーゴスラビアの大部分（マケドニア、セルビア・モンテネグロ、ボスニア・ヘルツェゴビナ）からなる地域です。

ブルガリアの先住民であるトラキア人は羊乳からプロキッシュと呼ばれる発酵乳をつくり、これがやがてヨーグルトと呼ばれるようになったといわれています。トラキア語でヨグは「固い」、ルトは「乳」を意味することから、ヨーグルトの語意は「固くかたまった乳」ということになりますが、ヨーグルトの語源はいまだ明確には説明はされていません。ヨーグルトの記載事例として残る最古のものは八世紀で、トルコ語のヨーグルートがあります。もともとトルコ諸族と称される人たちは東アジアから西アジアにわたるきわめて広い地域に移動分布していることからトラキア帝国時代にトラキア人がトルコ語のヨーグルートの名を取り入れて、ヨーグルトという呼称を確立したとする推論も一応成り立ちます。

ヨーグルトの本場ブルガリアでは伝統的なヨーグルトは羊乳、牛乳、水牛乳、混合乳を用い、乳酸菌としてブルガリカス菌とサーモフィラス菌の二種類を用いることになっています。

――世界の発酵乳のタイプ

ところで、世界の各地に伝わる民族的発酵乳の非工業的製造法を凝乳手段の違いからグループ分けすると、次のようになります。

①発酵容器そのものを使用する場合

ミルクを沸騰させた後、常に同じ容器（木製、革製）に入れて放置します。容器に付着している微生物がスターター役を果たしています。

②発酵乳そのものを使用する場合

前日につくった発酵乳の一部を沸騰させたミルクに加えて発酵乳をつくる方法です。

③消化管由来の微生物を使用する場合

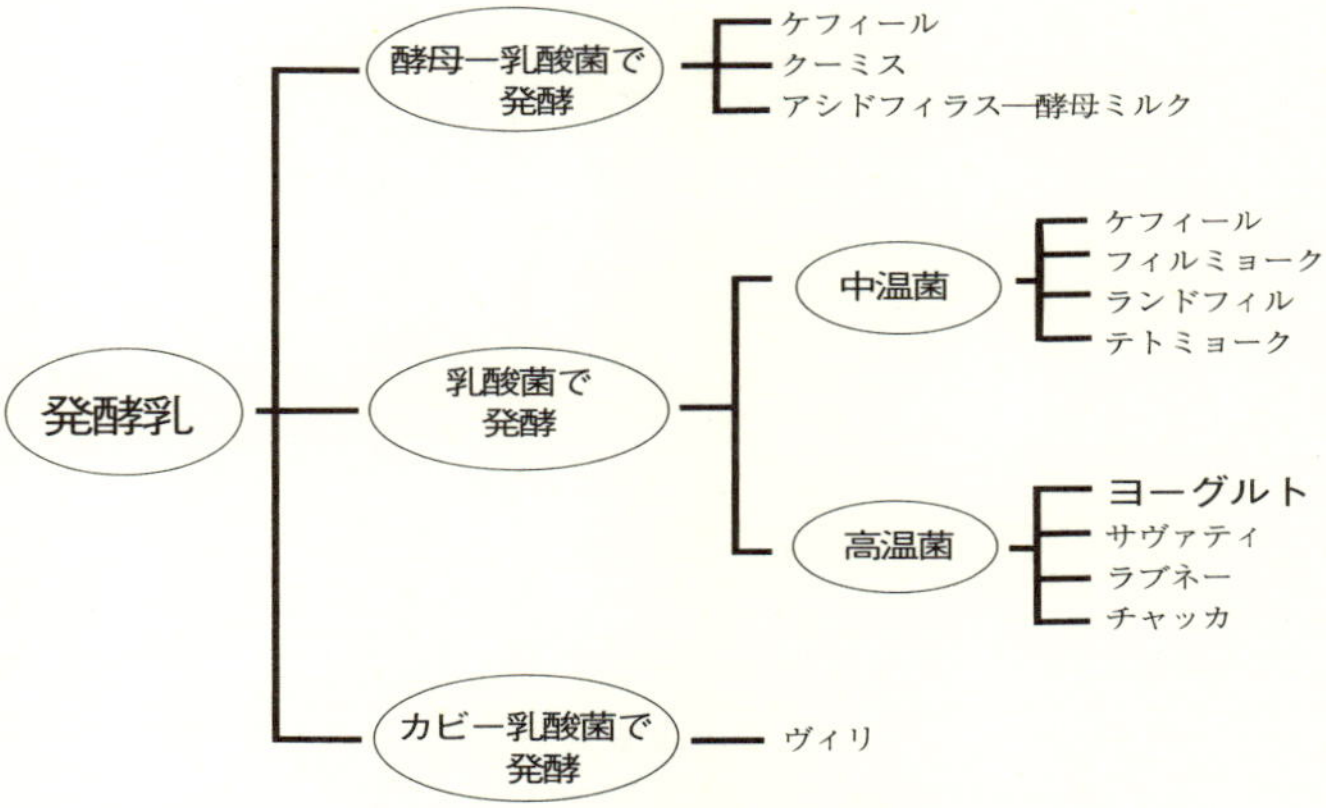

図2-6　伝統発酵乳の種類

世界各地に現存する民族的発酵乳は、およそ400種類もあり、それらは製造にかかわる微生物によって3つに大別される。

仔ウシやヒツジの胃に棲息する細菌によって発酵乳をつくるもので、屠殺幼動物の胃の中にミルクを入れたり、胃の切片や腱をミルクの中に入れて発酵させる方法です。

④植物由来の微生物を使用する場合

植物の表面に付着した細菌をスターターにして発酵乳をつくる方法です。

――ケフィアとクーミス

また、発酵乳は乳酸菌のみを用いたものと、乳酸菌と酵母とを併用したもの、それにカビを用いたものの三つに大別されます。その分類にしたがって民族的発酵乳を類別したのが図2―6です。酵母と乳酸菌を併用してつくる発酵乳の中にはアルコール性の発酵乳があります。代表的なものは、ケフィアとクーミスです。カビを用いた発酵乳にはフィンランド原産のヴィリがあり、ジェリトリカム・カンジダムというカビを発酵乳の表面に発育させたものです。

ケフィアはコーカサス地方が発祥の地です。ケフィアはこの地域に住む人々によって「神の贈り物」と呼ばれています。ケフィアとはトルコ語で、「陽気」を意味する「ケイフ」に由来しているといわれます。製法は牛乳、羊乳、山羊乳などに前につくったケフィアもしくはケフィア粒を接種して室温に数日間置いてつくりあげます。酸度が一%、アルコール濃度が一%程度です。ケフィア粒の菌叢は酵母としてサッカロミセス・フラジリス、乳酸菌としてブルガリカス菌やラクチス菌などが知られています。

また、クーミスは世界最古の牧畜民であるアーリア人が馬乳からつくり続けてきたアルコール性の発酵乳です。

ミルクと乳酸菌と凝固

――牛乳のタンパク質

牛乳中に含まれるタンパク質は牛乳の主要成分の一つであり、ホルスタイン乳では一〇〇ml中に約三・三g含まれています。牛乳中には多種類のタンパク質が存在していますが、総体的には牛乳タンパク質はカゼインとホエイタンパク質とに大別することができます。牛乳ではカゼインは牛乳タンパク質の約八〇%を占め、残りがホエイタンパク質ということになります。他の哺乳動物のミルクタンパク質も牛乳と同じようにカゼインとホエイタンパク質からなっていますが、動物によりその組成と構成タンパク質の種類が異なります。

牛乳に酸を加えてpH四・六にすると牛乳は凝固しますが、その凝固物（カード）がカゼインです。また、凝固物を取り除いた後に残る液体部分をホエイといい、そこに存在するタンパク質をホエイタンパク質といいます。牛乳におけるカゼインとホエイタンパク質の含量を表2―1に示しました。

表2-1　人乳と牛乳のタンパク質の割合

成　　分	人　乳		牛　乳	
	g/100ml	割合（%）	g/100ml	割合（%）
全タンパク質	1.1	100	3.1	100
全カゼイン	0.33	30.0	2.4	77.5
αs	0	カゼイン中の	1.2	38.7
β	?	約60%	0.8	25.8
κ	?	約30%	0.32	10.4
γ	?		0.08	2.6
全ホエイタンパク質	0.55	50.0	0.55	17.7
β－ラクトグロブリン	0		0.32	10.3
α－ラクトアルブミン	0.19	17.3	0.11	3.5
ラクトフェリン	0.15	13.7	痕跡	
血清アルブミン	0.04	3.6	0.04	1.3
免疫グロブリン	0.11	10.0	0.07	2.3
リゾチーム	0.04	3.6	痕跡	
その他	0.02	1.8	0.01	0.3
非タンパク態窒素化合物	0.22	20.0	0.15	4.8

タンパク質を構成しているのがアミノ酸です。アミノ酸は私たちの体をつくる上できわめて大切な栄養素で、牛乳タンパク質は一八種類ほどのアミノ酸からできています。アミノ酸は一つの分子の中にプラスに荷電した部分とマイナスに荷電した部分をもっているため、アミノ酸の集合体であるタンパク質もまたある電荷の量を保持した状態で存在しています。カゼインはカゼインミセルと呼ばれるマイナスに荷電した小さな球形粒子として牛乳中に存在しています。牛乳ではカゼインミセル同士が電気的に反発し合って存在しているために、粒子として存在していてもカゼインが沈殿することはありません。なお、カゼインミセルについてはいくつかの構造モデルが提案されていますが、最小単位であるサブミセルが集合してできている球体で、平均の直径が約一四〇〇Å（1Å＝1×10^{-8}cm）となっています（図2―7）。

——乳酸が増えると乳が固まる

一方、乳酸菌はすでに述べたように乳糖を栄養源にして多量の乳酸を生成します。乳酸については後ほど詳しい説明をしますが、乳酸もイオン状態に解離して存在するため乳酸菌の増殖が盛んになり乳酸が多量に生成されるにつれ、カゼインのマイナス電荷の量が次第に小さくなり、結果的にカゼインどうしの反発力が失われてカゼインの凝固が起こります。カゼインがpH四・六で凝固沈殿するのは、プラスとマイナスの電荷の量が等しくなったことを意味しているのです。

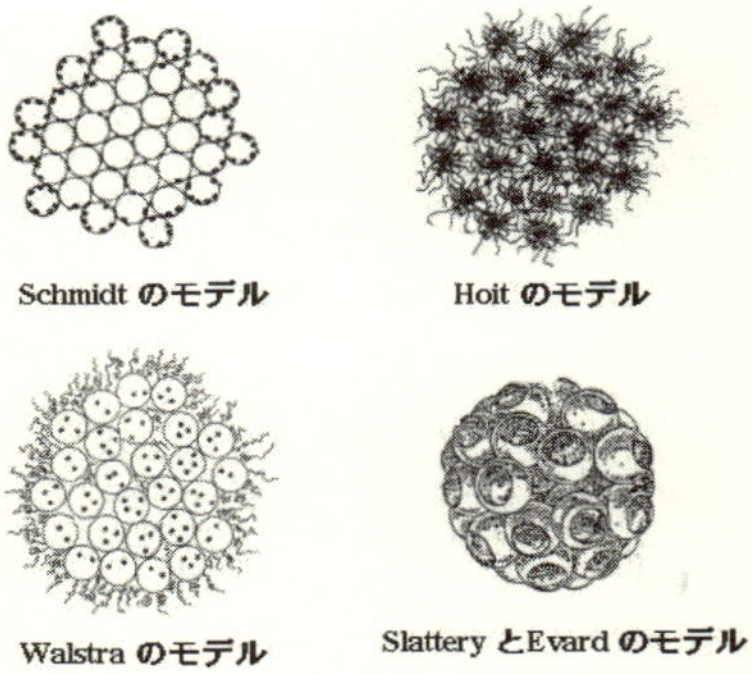

図2-7　カゼインミセルのモデル構造

ヨーグルトにはセットタイプヨーグルトといって牛乳が固まった状態のものと、ドリンクタイプヨーグルトといって見かけ上液状のものが市販されています。ドリンクタイプヨーグルトではカゼインの凝固が起っていないように見受けられますが、実際には乳酸菌の増殖によって凝固が起こっており、もともと乳酸の生成量が少ない乳酸菌を使用している場合もありますが、通常は攪拌によって凝固したカゼインを砕き、液状にしたものです。

――ミルクからチーズへの原理

牛乳タンパク質を凝固させる方法として、上記したようにプラスとマイナスの電荷の量を等しくし、ゼロにしてしまう方法の他に、長時間加熱や多量のやアルコールを加えて、生の牛乳が本来維持している塩類の荷電のバランスを乱して凝固させる方法があります。さらにもう一つの方法としてはタンパク質分解酵素を加えて牛乳タンパク質を分解させ、安定性を失わせて凝固を起こさせる方法があります。この方法を利用してつくられるのがチーズです。チーズ製造では、原料乳を凝固させてカードをつくることがもっとも重要な工程です。カードは酸を加えてつくることもありますが、通常は凝乳酵素が用いられます。前述したように凝乳酵素の中で昔から用いられているのが仔牛の第四胃から抽出されるレンニンという酵素です。腎臓に存在するレニンという名の酵素と混同しないように、レンニンはキモシンと呼ばれることが多いのです。

カゼインにはいくつかの種類がありますが、主要なカゼインは表2―1に示したようにα《アルファ》S_1―カゼイン、β《ベータ》―カゼイン、κ《カッパ》―カゼインがあります。レンニンはκ―カゼインのアミノ酸配列の特定部分を選択的に切断するタンパク質分解酵素です。κ―カゼインは図2―7のカゼインミセルの表面部分に分布し、αS_1―カゼインやβ―カゼインの安定化に役立っています。レンニンによりκ―カゼインが切断されると、カルシウムに敏感なαS_1―カゼイン、β―カゼインに対するκ―カゼインの安定化作用が失われて、牛乳が凝固するのです。

乳酸の特徴

すでに述べたように、乳酸菌は乳酸をつくり出す代謝経路をもつことによって補酵素であるNADHをNAD＋《プラス》に替え、NAD＋《プラス》をふたたび糖代謝の中間段階に戻してNADHを再生させて糖代謝を前に進める能力をもっています（図1―9）。その能力のお陰で人間は昔から乳酸菌を用いて多くの発酵食品をつくってきました。乳酸を積極的に生成させることにより、腐りやすい食品を長持ちさせたり、風味を向上させて嗜好性を高めてきたのです。ならば、乳酸とはどんな酸なのでしょうか。

――ヒトが吸収できる乳酸とできない乳酸

まず、化学構造式から説明しますと図2―8に示すように乳酸には*l*―乳酸と*d*―乳酸の二種類があります。*d*―乳酸は*l*―乳酸を鏡に写したときの像になっています。このような物質を光学異性体といいます。前述したように光学異性体は特定の波長をもつ光を当てたとき、その光を偏

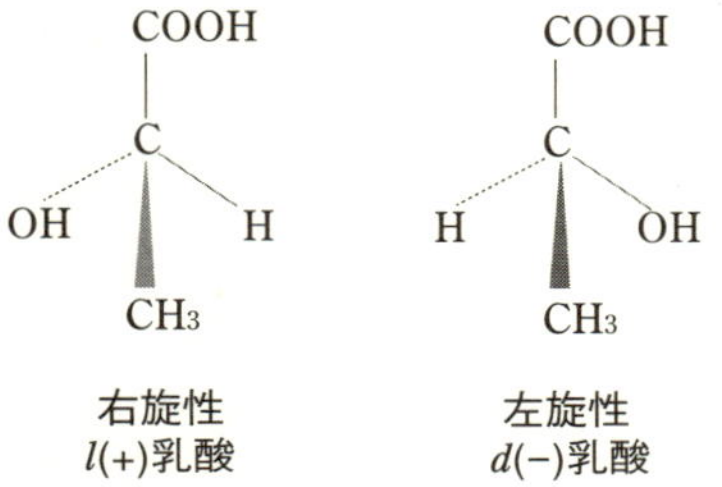

図2-8　乳酸分子の立体構造式
乳酸には２種類があり、両者は互いに鏡に写したときの像になっている。

らせる方向が違うことを意味しています。また、l—乳酸とd—乳酸は鏡像関係にあることから鏡像異性体という場合もあります。鏡像関係にある物質どうしは対象面をもたず、同じ面で重ね合わせることができないのが特徴です。このような性質をもった物質を「キラルな物質」といっています。乳酸はまさしくキラルな物質であるということができるのです。右手と左手は形こそ同じですが、同じ面どうしで重ね合わすことができないのでこれもキラルの関係ということができます。もっとも右手にしても左手にしても対象面をもたないのだからキラルであることは当たり前のことです。

乳酸菌が生産する乳酸はl—乳酸かd—乳酸かという問題が次に出てきます。実は、l—乳酸のみ、d—乳酸のみ、あるいは種々の種類比率でのl—乳酸とd—型の混合物（ラセミ体）を生産するかは乳酸菌や培養条件により違ってきます。表2—2に乳酸菌が生産する乳酸の違いを示しました。乳酸はl—乳酸であってもd—乳酸であっても腸管から吸収されますが、l—乳酸がおもにグルコースやグリコーゲンに転換されていくのに対し、*d*—乳酸は一部が転換されるだけで、ほとんどが尿中に排泄されます。現在、日本ではヨーグルトの製造に*l*—乳酸を生産する乳酸菌が主として使用されています。通常低酸度ヨーグルトでは乳酸は〇・七〜一・〇%、高酸度ヨーグルトでは一・〇〜一・三%、乳酸菌飲料では〇・五〜〇・六%、ケフィアでは〇・七〜一・二%ほどの乳酸を含有しています。乳酸菌ではブルガリカス菌やラクチス菌、それにヘルベティカス菌（*Lactobacillus helveticus*）が乳酸を多量に生成します。

表2-2　乳酸菌がつくり出す乳酸の種類

乳酸の種類	乳酸菌
l(+)乳酸（≧95%）	すべての乳酸球菌 *Lactobacillus casei* *Lactobacillus xylosus*
d(−)乳酸（100%）	*Lactobacillusdelbrueckii* ssp. *bulgaricus* *Lactobacillus lactis* *Lactobacillus cremoris*
ラセミ体乳酸 〔*l*(+) *d*(−)の混合物〕	*Lactobacillus helveticus* *Lactobacillus acidophilus* *Lactobacillus plantarum* *Lactobacillus brevis*

また、乳酸は単独で酸味料としても使用され、一日の基準摂取量は六八二・七mgとなっています。乳酸には、雑菌の繁殖を防止する作用があり、製薬用としてだけでなく、清涼飲料や清酒の醸造などにも用いられています。安全性に問題はありません。

——ポリ乳酸—環境浄化の切り札

最近、乳酸は環境浄化の上で大きく注目されています。図2—8に示した乳酸の化学構造式にはカルボキシル基（—COOH）と水酸基（―OH）がついていますが、実はこの二つの基はケミストリック（相性のいいこと）な関係で簡単に結合する性質をもっています。一方の乳酸のカルボキシル基が隣の乳酸の水酸基と手をつなぎ、さらにその乳酸のカルボキシル基がさらに隣の乳酸の水酸基と手をつないで、巨大な分子が形成されます。このようにたくさん（ポリ）の乳酸が手をつないで形成される乳酸の重合体のことをポリ乳酸と呼んでいます。

ポリ乳酸は透明で、高い温度では強い粘性を有していますが、冷えると硬い物質に変わります。この性質を利用して農業用のマルチシートやハウス用のフィルム、さらにはプラスチック、繊維、手術用の縫合糸などに広く実用化されています。プラスチック廃棄物の焼却処理はダイオキシンの発生と関連して、現在たいへん深刻な社会問題になっていることはご承知のとおりです。また、日本では資源を有効に使うことを目指す循環型社会への転換が叫ばれ、それを推進するために必要な法律の整備も進んでいます。このような背景のもと、ポリ乳酸の活用に大きな関心が寄せられて、たくさんの企業が生分解性プラスチックとしてのポリ乳酸利用の研究に取り組んでいます。生分解性プラスチックはポリ乳酸だけではありませんが、乳酸もまた環境浄化の切り札の一つとして注目されているのです。

ヨーグルトとホエイ

――ホエイの中の重要なタンパク質

買ってきたヨーグルトの蓋を開けたときその表面に黄緑の液体がしみ出ていることを見かけることがありますが、あの液体がホエイです。牛乳に乳酸菌やビフィズス菌が増殖して乳酸が生成されます。それにともなって牛乳のpHが下がり、やがて牛乳は見かけ上固まります。しかし、主として固まっているのはカゼインであり、ホエイ中に含まれるホエイタンパク質までが全部固まったわけではありません。寒天でも入れてヨーグルト全体を固めない限り、ヨーグルトの表面にホエイがしみ出てくるのは致し方のないことであり、それ自体はごく自然な現象といわなければなりません。できることならばホエイがたくさんしみ出ない状態でヨーグルトを食べたいと願いますが、仮にホエイがたくさんしみ出たとしてもそれが栄養的に欠陥が生じた結果でもなく、また衛生的に何か重大な問題があったわけでもありません。

表2―3に示したように、ホエイ中には糖質の乳糖や水溶性のタンパク質、非タンパク態窒素化

表2-3　ホエイの成分組成（%）

種類	水分	全固形分	乳糖	タンパク質	その他の窒素化合物	無機質	脂質	乳酸
チーズホエイ	93.7	6.3	4.5	0.4	0.3	0.6	0.3	0.2
酸ホエイ	93.9	6.1	4.5	0.5	0.3	0.7	0.1	

合物、乳酸や酢酸などの有機酸、カルシウムやマグネシウムといった無機質それに水溶性ビタミンなどが多量に溶解しています。これらの中で栄養生理学上最近特に大きな関心が寄せられている成分がホエイタンパク質です。ホエイタンパク質は牛乳タンパク質全体のおよそ二〇%を占めており、さまざまな機能をもったタンパク質が含まれています。具体的にはα―ラクトアルブミン、β―ラクトグロブリン、血清アルブミン、ラクトフェリン、免疫グロブリンならびに種々の酵素類です。ヨーグルトでは殺菌した牛乳を用いますので、これらのタンパク質が本来もっている生理的機能が生乳状態でそのまま保持されるものではありませんが、タンパク質としての栄養機能の大部分は保持されています。

以下にこれらタンパク質のおもなものについて簡単に説明したいと思います。

①α―ラクトアルブミン

牛乳ホエイではα―ラクトアルブミンはβ―ラクトグロブリンに次いで多く含まれており、その含量は牛乳一l中〇・七gで、牛乳ホエイタンパク質の約一二%を占めています。アミノ酸が連なってできたものをペプチドといいますが、α—ラクトアルブミンは一二三個のアミノ酸が連なったペプチドが複雑に絡まってできています。牛乳中に四・五%も含まれる乳糖の合成を担うガラクトシルトランスフェラーゼという酵素を部分的に構成しているのがα—ラクトアルブミンであることがわかっています。α—ラクトアルブミンは熱変性を起こしにくいタンパク質としても知られています。

②β—ラクトグロブリン

牛乳ホエイタンパク質を代表するタンパク質でホエイタンパク質の約五〇%を占めていますが、人乳にはまったく含まれていません。一六二個のアミノ酸からなるペプチドが高次に絡まってできています。β—ラクトグロブリンはpHや熱に対して敏感で、一量体として存在したり、二量体や八量体として存在したりします。たとえば、pH五・二〜七・五では二量体で、またpH三・五〜五・二では八量体、それ以外では一量体として存在する性質をもっています。ここでいう二量体や八量体の意味は、β—ラクトグロブリンの分子がそれぞれ二分子、八分子集合したものをいいます。

③血清アルブミン

牛乳中には血中から乳中に移行したと考えられる血清アルブミンが存在し、牛乳一l中〇・三g含まれています。五八二個のアミノ酸からなるペプチドが絡まってできているタンパク質です。

④ラクトフェリン

人乳、特に初乳中に高い含量で存在しますが、牛乳中では一l当たり一g程含まれています。六八九個のアミノ酸からなるペプチドが絡まってできており、抗菌性が強い糖を含んだタンパク質です。牛乳中のラクトフェリン分子の七〇～九二％は鉄イオンをいつでも結合できる状態になっています。このタンパク質の抗菌力はそこに介在する微生物に対し鉄不足を起こさせる他に、微生物の細胞表面のリポポリサッカライドを遊離させて増殖機能を破壊してしまう性質を有しています。その他、ラクトフェリンは細胞増殖促進作用や免疫調節機能を有しており、まさに多機能性タンパク質として知られています。また、ラクトフェリンをペプシンというタンパク分解酵素で分解すると、もとのラクトフェリンよりも強い抗菌力が出ることを日本人研究者が明らかにしており、このペプチドはラクトフェリシンと呼ばれております。

ミルクの成分は哺乳動物により大きく異なる

ミルクは幼動物を栄養保育するために哺乳動物によりつくり出される唯一の天然の食べ物です。その意味では最初から食べられるために存在しているものは唯一ミルクしかないということになります。ミルクを分泌して子（仔）を育てる動物が哺乳動物ということになりますが、その種類は一九目、およそ四〇〇〇種類といわれています。それぞれの哺乳動物により分泌されるミルクは基本的にはタンパク質、脂肪、糖質、無機質から成り立っています。しかし、その組成は動物種により大きく異なっていますが、共通していることはすべてのミルクが白色を呈していることです。

――ミルクが白く見えるのはなぜ？

自然光がある物質に当たったとき、光がその物質を透過せず、その全部、またはほとんどが反射した場合、その物体は白色に見えます。ミルクが白く見えるのはカゼインミセルが粒子として存在し、自然光を透過させないで乱反射させていることにもとづきます。カゼインミセルはカゼインを形成する微小成分であり、球状で、その直径は、一二〇〜一八〇ナノメートル（一ナノメートルは一〇億分の一m）です。膨大な数のカゼインミセルが集合して乳の中に懸濁しており、光は複雑に反射を繰り返し、総体的に白色に見えるわけです。まさに、乳は天恵の白い食べ物ということができます。

――種ごとに異なる乳の成分

表2―4におもな哺乳動物の乳の組成を示しました。表から理解できるように、霊長目に属するチンパンジーとヒトの乳の組成はよく似ています。しかし、食肉目のヒグマとアシカ、さらに牛科のインパラとウシでは同じ科目でありながら乳の組成が著しく異なっていることがわかります。また、アザラシ、マナティーそれにアメリカシロクマなどのように、水生もしくは寒冷地に棲む動物の乳では脂肪含量が高く、またおおむねタンパク質も高い傾向にありますが、ラクトースがきわめて少ないことが特徴として認められます。また、ラクトースと無機質の間には一方が高くなると一方が低くなるといった相関があり、両者の和はいずれの動物もほぼ同じ値にあるのもおもしろい現象です。この理由として、血液と乳との間の等張性を維持しようとするために、この両成分の生成分泌が互いに補完し合っているためだと説明されています。もっとも高濃度で含まれる成分をそのミルクの特質として捉《とら》えることは間違いではありませんが、その特質がミルク全体の価値を決定するとは必ずしもいえないのは当然のことです。たとえば、低濃度で存在するビタミンはそのミルク

表2-4　それぞれの哺乳動物のミルクの組成（%）

	全固形分	タンパク質	脂質	糖質	ミネラル
カンガルー	20	4.6	3.4	6.7	1.4
キンモグラ	20.6	7.2	10.1	2	2.3
コウモリ	34.4	11.1	18.9	3.7	0.7
ウサギ	32.8	13.9	18.3	2.1	1.8
テナガザル	11.9	1.2	3.7	7	0.2
オランウータン	11.5	1.5	3.5	6	0.2
ヒト	12.4	1	3.8	7	0.2
リス	39.6	74	24.7	3.7	1
モルモット	16.4	8.1	3.9	3	0.8
イヌ	23.5	7.9	12.9	3.1	1.2
キツネ	18.1	6.3	6.3	4.6	1
オオカミ	23.1	9.2	9.6	3.4	1.2
クマ	44.5	14.5	24.5	0.4	1.8
ネコ	—	7	4.8	4.8	1
ライオン	30.2	9.3	17.5	3.4	—
オットセイ	65.4	8.9	53.3	0.1	0.5
アザラシ	67.7	11.2	53.2	2.6	0.7
インドゾウ	21.9	4.9	11.6	4.7	0.7
ウマ	11.2	2.5	1.9	6.2	0.5
サイ	8.1	1.4	0	6.1	0.3
ロバ	10.1	2.1	1.5	6.2	0.4
ブタ	18.8	4.8	6.8	5.5	0.8
カバ	11.5	5.3	3.5	4.3	0.8
ラクダ	15	3.9	5.4	5.1	0.7
キリン	22.9	5.6	12.5	3.4	0.9
ウシ	12.7	3.4	3.7	4.8	0.7
スイギュウ	16.8	3.8	7.5	4.9	0.8
ヤギ	13.2	2.9	4.5	4.1	0.8
ヒツジ	19.3	5.5	7.4	4.8	1
シロナガスクジラ	57.1	10.9	42.3	1.3	1.4

図2-9　新生動物の成長速度とミルクの中の
タンパク質とミネラル含量（松村）

ヒトやウマのように、出生児の体重が二倍になるまでの日数が長い動物の乳は乳タンパク質と灰分（ミネラル）の含量が少なく、逆に短い日数で成長する動物の乳はこれらの成分が多いことがわかる。

の栄養価を論じる上できわめて重要であるからです。

――ヒトの乳とウサギの乳

乳は動物の子（仔）にとって最適な食物であるとよくいわれますが、その根拠として、子（仔）の発育に必要な栄養素の供給源として、また免疫物質伝達の媒体として、あるいは腸内細菌の発育のための栄養素の供給源としての価値を乳が保持していることがあげられます。それぞれの乳の成分は子（仔）の成長速度とも関係をもっています。図2―9はおもな哺乳動物の子（仔）の生まれたときの体重が二倍になるまでの日数を示しています。その日数が長いものは、ヒトやウマのように乳タンパク質および灰分の含量が少なく、逆にウサギのようにその日数が短い場合は、乳タンパク質と灰分が多いことが理解されます。

上述したように、それぞれの哺乳動物のミルクには本質的な組成の違いがありますが、同一個体においても品種、遺伝、年齢、乳期、発情、妊娠、飼料、季節、ストレス、健康状態などの要因によって乳成分は変動します。たとえば、乳牛を例にしてみると、ホルスタイン種ではジャージー種に比べ乳量が多く、乳成分が低いのが特徴です。分娩後数日間にわたって泌乳される乳を初乳といい、以後に分泌される乳を常乳といいますが、常乳に比べて初乳ではほとんどの成分の含量が高いのが特徴です。特にタンパク質、無機質、ビタミンが高濃度で存在します。さらに、乳成分は飼料によって大きく変動し、中でも脂肪含量はかなりその影響を受けやすいことがわかっています。

ラクトースはヒトに必要か

――ラクトースの性質

グルコースとガラクトースがそれぞれ一個ずつ結合した糖がラクトース（乳糖）です。ラクトースは溶液中では図2―10に示したような二種類の異性体、つまりα型とβ型があります。結晶形態ではα型として水和物と無水物が、そしてβ型として無水物が存在します。市販されているものは、α型水和物であり、わずかの甘味をもち、水に対する溶解性はやや低いのが特徴です。また、βラクトースはαラクトースよりも強い甘味と高い溶解度をもっています。水溶液では、αラクトースとβラクトースは平衡状態で存在します。水に対する溶解度はαラクトースよりもβラクトースの方が高いことからαラクトースの方が低い温度（九三・五℃以下）で結晶として析出します。βラクトースは九三・五℃以上の温度で析出します。

さらに、ラクトースはヒト腸管からの吸収率が非常に低いのも特徴の一つで、その吸収率はグルコースの約三二分の一です。牛乳にはラクトースがおよそ四・五％含まれており、水分についで多

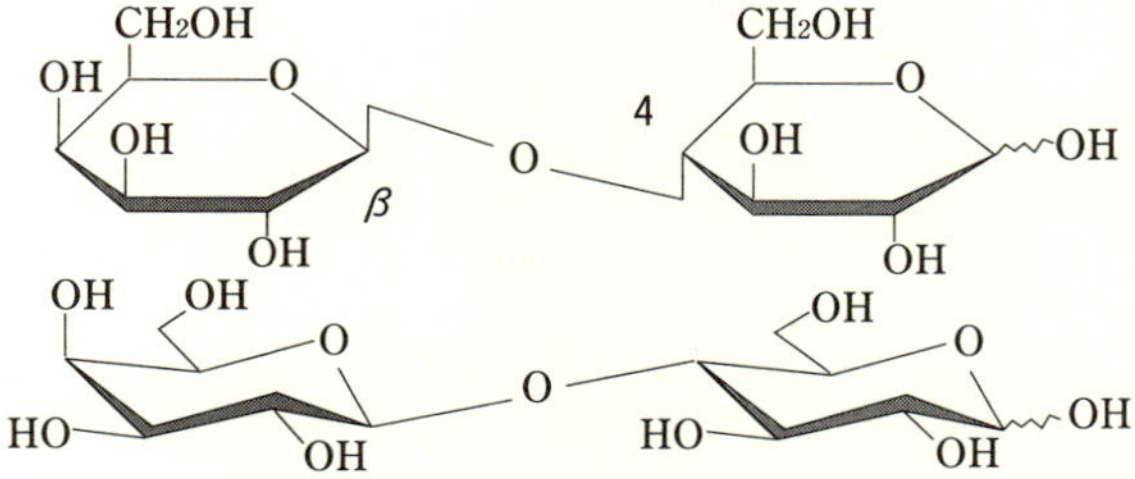

ガラクトピラノース　グルコース

図2-10　乳糖の構造

乳酸（ラクトース）は、グルコースとガラクトースがそれぞれ1個ずつ結合した形になっており、α型とβ型の2種類の異性体がある。

い成分です。しかし、表2－4に示したように、ラクトースは動物種によってミルク中における含量が著しく異なっており、ヒトは七％で、哺乳動物の中でももっとも多いことがわかりますが、クマ、パンダ、アザラシなどのミルクには存在しないか、あるいはわずかに含まれるだけです。このことからヒトやウシではラクトースがエネルギー源（一g当たり四キロカロリー）として必要であることがわかりますが、一方でラクトースを含まないミルクを分泌する動物もいることから、ラクトースは必須の成分であるかという疑問も同時に出てきます。また、ラクトースは植物には見つかっていないことや、前述したように生合成機構にホエイタンパク質の一つであるα－ラクトアルブミンが関与していること、また後述するように簡単に消化されない化学構造をとっていることなどいろいろな特徴があり、それらを抜きにしては栄養学的役割について説明することはできません。

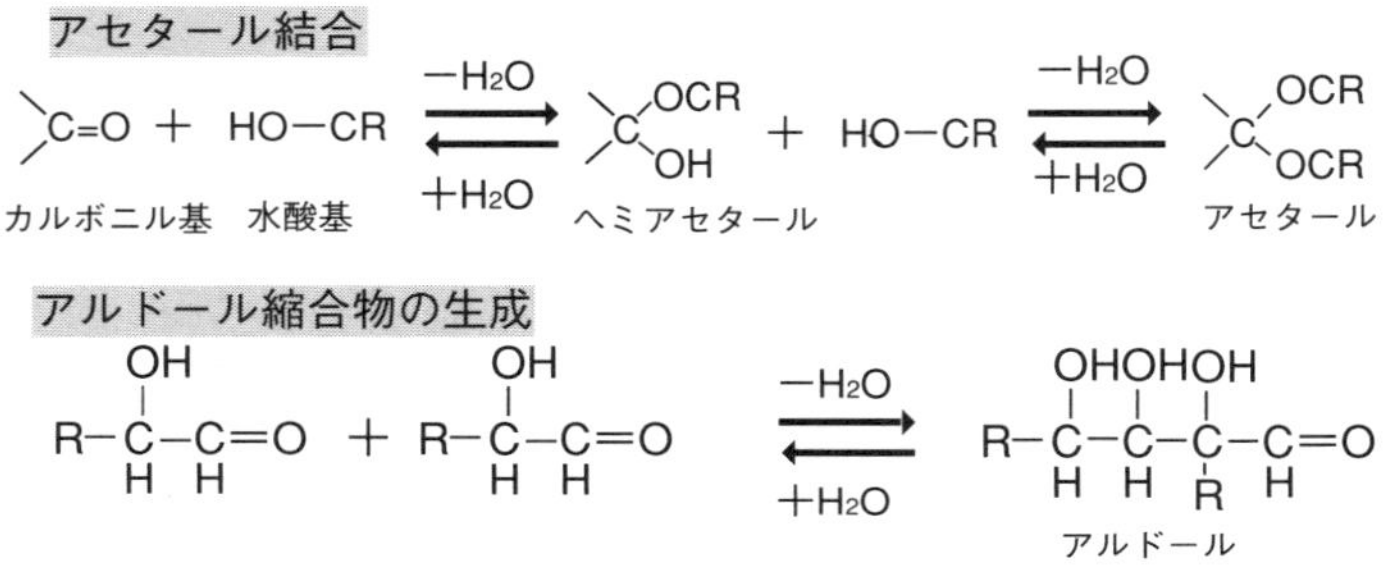

図2-11　ヘミアセタール結合

糖の結合様式を見ると、カルボニル基と水酸基とが脱水縮合して、反応性に富んだヘミアセタール結合という結合様式をとっていることがわかる。

――変幻自在の結合型

ところで、私たちの体をつくっているタンパク質や脂肪や糖質などの生体高分子の多くは、それぞれの基本成分が脱水縮合（有機化合物の分子内または分子間で水H_2Oが脱離する反応のことをいいます）によってできています。水酸基をもつAとBが化学的に結合する場合、脱水縮合によって結合していることを特徴としています。その基本成分の反応基は次の四種に大きく分けられます。すなわち、アミノ基（―NH_2）、カルボキシル基（―COOH）、水酸基（―OH）およびカルボニル基（>C=O）と呼ばれるものです。これらの相互反応によって、アミノ基とカルボキシル基が結合してタンパク質を、カルボキシル基と水酸基が結合して脂質を、水酸基とカルボニル基が結合してラクトースなどの糖質をつくります。図2―11に示した糖の結合様式について若干の説明をしますと、カルボニル基と水酸基とが脱水縮合して、反応性に富んだヘミアセタール結合と呼ばれる結合様式をつくります。このヘミアセタール結合が糖の環状構造をつくり、さらにもう一つの水酸基がつくことによってアセタール結合と呼ばれる結合ができて、ラクトースやデンプンのような多糖がつくられてきます。ヘミアセタール結合は反応性に富んでおり、変幻自在に姿を変えることができる性質をもっています。

――糖の甘みの違いは構造から

冒頭に説明したように、ラクトースはガラクトースとグルコースからできています。ガラクトースとグルコースはともにヘミアセタール結合をもっており、両者とも単独ですとさまざまな化学反応を起こしてしまいますが、ガラクトースのヘミアセタール結合部位をしっかりグルコースが押さえつけていて、ガラクトースは暴れ出せない状態になっています。一方、グルコースのヘミアセタール結合は押さえつけられていないので、暴れてもおかしくないのですが、ガラクトースと結合していることが、逆にグルコースからするとガラクトースにスカートの裾を踏まれているような感じで暴れたくとも自由にならない状態になっています。

一方、ガラクトースとグルコースは立体構造といわれる水酸基の位置が一つだけ異なっています（図2―10参照）。これだけの違いなど大したことはないのではないかと思われるかもしれませんが、生体はこの構造をしっかりと認識しています。これだけの構造の違いで両者の甘みの強さが異なり、グルコースはガラクトースに比べて官能的におよそ五倍もの甘さをもっています。

以上述べてきたように、ラクトースのもつおもな特徴は、①甘くない、②水に溶けにくい、③消化しにくいの三つに要約されます。

ラクトースは成長する脳の栄養となる

――ミルクと生物進化の方向

哺乳動物の種類によって分泌されるミルク中のラクトース含量が大きく違っていることを述べてきました。ヒトやウマのミルクではラクトース含量が高く、オットセイやクマなどのミルクではほとんど含まれていないことからラクトースは必須の成分であるかという疑問も同時に出てきたわけです。寒冷の地に棲むクマや水棲のオットセイは一g当たり四キロカロリーの熱量をもつラクトースにエネルギー源を求めるよりも、一g当たり九キロカロリーの熱量をもつ脂肪を子供に与えた方がよいとする合理性を進化の方向に選び、高脂肪のミルクを分泌する方向へ進化させてきたと説明する研究者がいます。納得できる説明だと思います。

一方、ラクトースを含有するミルクを分泌している動物の場合について考えてみたいと思います。

なぜラクトースを分泌するのか。その理由として第一にエネルギー源としてのラクトースの意味があります。しかし、ラクトースをエネルギー源にするのはグルコースを摂取することに比べると必ずしも効率的ではないことは明白です。すなわち、母親にとってラクトースを合成するのはエネルギーを必要とすることですし、子（仔）の立場からしても、ラクトースを摂取してグルコースに変換することは、それだけ余分なエネルギーを消耗することになるからです。ミルク中にラクトースとして存在していることの意味論から考察すると、エネルギー源のみの議論で片づけてしまうのは無理がありそうです。

——脳の発達に重要な二つの糖

ならば他に理由があるはずです。そこで考えられる第二の理由は、ガラクトースは脳の発達のために必須の糖であり、脳の糖脂質であるガングリオシドなどはガラクトースを構成糖としていることから、ラクトースは成長段階の脳にガラクトースを供給する役目を果たしているのではないかと考えられていることです。ヒトのミルクにラクトースが高く含まれていることをみても、この考え方はかなり説得力があり、また妥当性をもっています。

第三の理由はラクトースとして存在することにより、ミルクがあまり甘くならないようにしているのではないかということです。もし乳中の糖がグルコースであると仮定すると、ラクトースの約二・五倍の甘みをもつグルコースは嗜好性の観点から甘すぎるということになり、また、血中グルコース濃度の急激な上昇を招き、一時的でも高血糖症を招くことにもつながりかねないからです。ヒトの場合、七%のラクトースが全部グルコースに置き換わったとすると、その甘さはきわめて高くなり、赤ちゃんはとても飲めないことになると考えられるからです。

――ラクトースと腸管細菌

第四の理由は、ラクトースの腸管細菌とのかかわりからの考察です。ご承知のとおり哺乳動物は腸を発達させ、そこには膨大な数の細菌が棲みついています。生まれたばかりの子（仔）の腸はまだ十分に機能を果たしておらず、離乳時に備え短期間で腸管を機能させなければなりません。ラクトースは腸管微生物に対して豊かな栄養源であることから、腸管微生物を介して離乳後における腸管、とくに大腸の発達のためにラクトースが部分的な役割を果たしている可能性があると考えられます。また、ミルク、特に初乳中には免疫グロブリンや抗菌物質が多く含まれ、有害細菌の侵入を防ぎながら、有益な細菌の増殖を優先させて腸管の機能を高めており、ラクトースはもちろんですが、初乳のもつ意味合いはきわめて大きいことになります。

――ゆっくり消化で血糖値を抑える

第五の理由は浸透圧調整のためのラクトースの役割です。ラクトースは二糖であるため、分子量

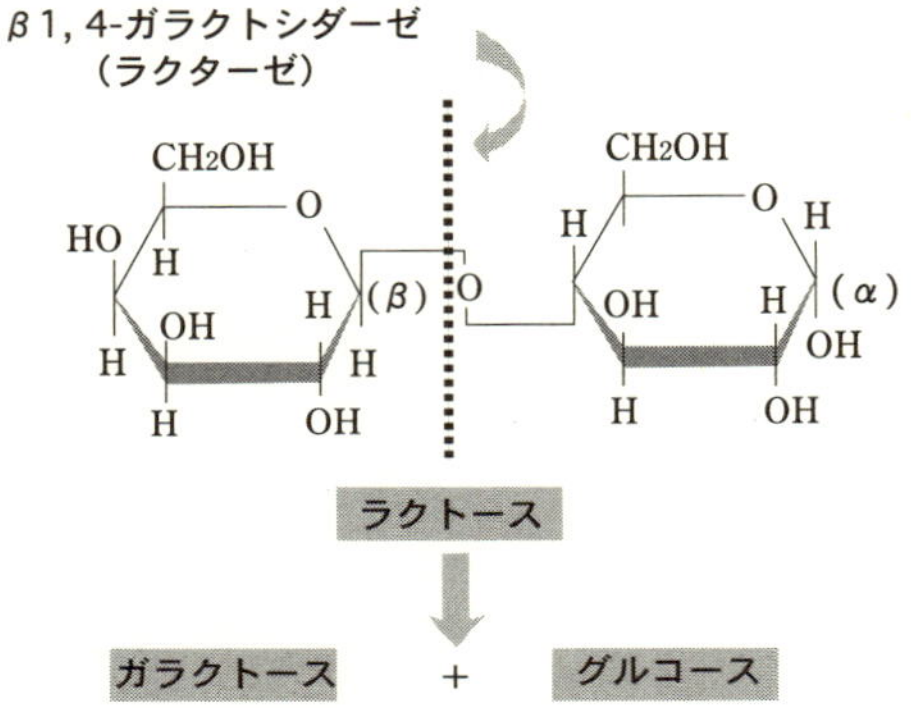

図2-12　乳糖（ラクトース）の
β1,4-ガラクトシダーゼによる分解

ラクトースは、人間には消化結合できないβ結合をしているために、乳幼児は酵素β1,4ガラクトシダーゼを分泌して、ゆっくりとガラクトースとグルコースに分解し、吸収していく。

が単糖の二倍となります。そのことは浸透圧が単糖の半分になることを意味しており、消化管の負担を軽くしていることになります。

第六の理由は、ラクトースは消化されにくい糖であるということです。何度もいいましたように、ラクトースはグルコースとガラクトースがそれぞれ一分子ずつ結合したものですが、その結合様式がβ結合（β―グリコシド結合）といって図2―12に示したような結合をしています。α結合とは明確な違いがあることがわかると思います。私たち人間はα結合（α―グリコシド結合）した糖質を消化しますが、β結合した糖質は消化できません。仮に消化してもそれは微弱です。デンプンはグルコースがα結合したものですので人間はそれを消化して重要な栄養源にしていますが、グルコースがβ結合してできているセルロースは消化することができません。ラクトースはβ結合した糖ですから幼児のときはβ―ガラクトシダーゼ（ラクターゼ）と呼ばれる酵素を分泌してラクトースをゆっくり分解していきます。このゆっくり分解していくことこそ乳幼児にとってきわめて重要であり、ラクトースがβ結合をとることによって血糖値が急激に上昇するのを防いでいるわけです。ミルクの神秘性にはつくづく驚かされます。なお、このβガラクトシダーゼは成長するにつれ、徐々に分泌されにくくなり、特に日本人ではその傾向が強いとされています。したがって、牛乳を飲みたくてもたくさん飲めない状況が生じてきます。このことについては後で詳しく述べることにします。

第七の理由は、カルシウムや鉄の腸管における吸収促進にかかわる事実です。一般に水酸基を多くもった糖はカルシウムや鉄イオンなどの金属イオンとキレート化合物をつくります。ラクトースもまた金属イオンとキレート化合物を形成するので、カルシウムや鉄の腸管からの吸収促進に寄与しています。

3章　腸の中のでき事と乳酸菌

腸管内の巨大な微生物生態系

――テニスコート一枚分の腸管壁

口からはじまり肛門にいたる消化管にはそれぞれの部位に多種多様な細菌が棲みついています。私たち人間の消化管では口、胃、小腸上位には細菌数が比較的少なく、おもに酸素を好む細菌が棲みついています。口では唾液が分泌され、唾液には抗菌性にすぐれたリゾチームという酵素が含まれていることもあって、口腔にはごく限られた細菌のみが棲みついています。虫歯菌として知られるミュータンス菌（*Streptococcus mutans*）はその一つです。また、胃では胃酸が分泌されるため酸性の状態に保たれており、細菌が定着しにくい環境になっていますが、最近話題のピロリ菌（ヘリコバクター・ピロリ）はこの厳しい環境に適応して生きている細菌です。さらに十二指腸では胆囊から抗菌性の強い胆汁酸が入り込むため、ここでも菌数が極端に少なくなっていますが、人によってはベーロネラ菌やウェルシュ菌などの病原性細菌が潜んでいる場所になっています。ベーロネラ菌（*Veillonella* sp.）やウェルシュ菌（*Clostridium perfrigens*）は、ヒトの腸管において悪害物質を生産する細菌の代表です。小腸上部（空腸）ではリゾチーム、胃酸、胆汁酸の影響が和らぎ、口腔、胃、十二指腸に比べると細菌の数と種類がかなり多くなっています。小腸下部（回腸）や大腸では酸素がほとんど存在しないことから、嫌気性の細菌が大手を振って増殖しており、腸内細菌といえば主としてこの部位の菌叢を指しています。この部位は口から摂取した食べ物がゆっくりと滞留しつつ栄養分が腸管壁から吸収されている場所でもありますので、腸内細菌にとって増殖するには格好の場所ということになります。

腸内細菌の多様性は約一〇〇種類、数にしておおよそ一〇〇兆個といわれていますので、私たち（成人）の体全体を構成する約六〇兆個の細胞の数よりもはるかに多いことになります。一〇〇兆個の細菌は重さ約一～一・五キロもあり、成人体重の五〇分の一～六〇分の一を占めていることになります。成人の場合、腸管の長さはおよそ六・五～七・五mですが、その内部は粘膜層と呼ばれる膜でおおわれ、粘膜上皮と粘膜固有層から形成されています。小腸での粘膜上皮の上には刷子縁と呼ばれる微絨毛の層が存在します。そのようにできている腸管内の総面積は四〇〇m^2で、平らに広げるとちょうどテニスコート一枚分に匹敵しています。腸管はヒトの臓器の中でもっとも多様の疾患が発生する場所であるといわれますが、そうした疾患と腸内微生物の菌叢構成とは密接に関係していることはいうまでもありません。特に、宿主側の生理機能障害、肝臓障害、老化、発ガン、自己免疫能の低下、感染症などは腸内細菌の腐敗産物や、細菌毒、発ガン物質の生成などが直接的な原因になっているのです。

——腸内の菌は年齢で変化する

私たちの腸内菌叢は一生を通じて少しずつ変化しています。その変化は有益菌が減り、有害菌が増す方向ですので、加齢にともない腸内細菌の悪化が原因で上記のような疾病が起こってくることは当然といえば当然のことと思われます。生まれたときは、母親からたくさんのビフィズス菌をもらって腸に棲みつかせますが、見かけはいくら健康でも老齢期に入ると有益菌であるビフィズス菌はその数を減らし、逆にブドウ球菌（スタフィロコッカス属）、ウェルシュ菌などの有害菌が増えてきます。常にすぐれた働きをする乳酸菌やビフィズス菌を摂取し、腸内細菌叢を老化させない努力が必要であるとする根拠はここにあります。

身体のどの部位にも微生物をもたない、いわゆる無菌動物がつくられて以来、腸管微生物は生物が生きていく上でどのような役割を果たしているかについての研究が広くなされています。通常マ

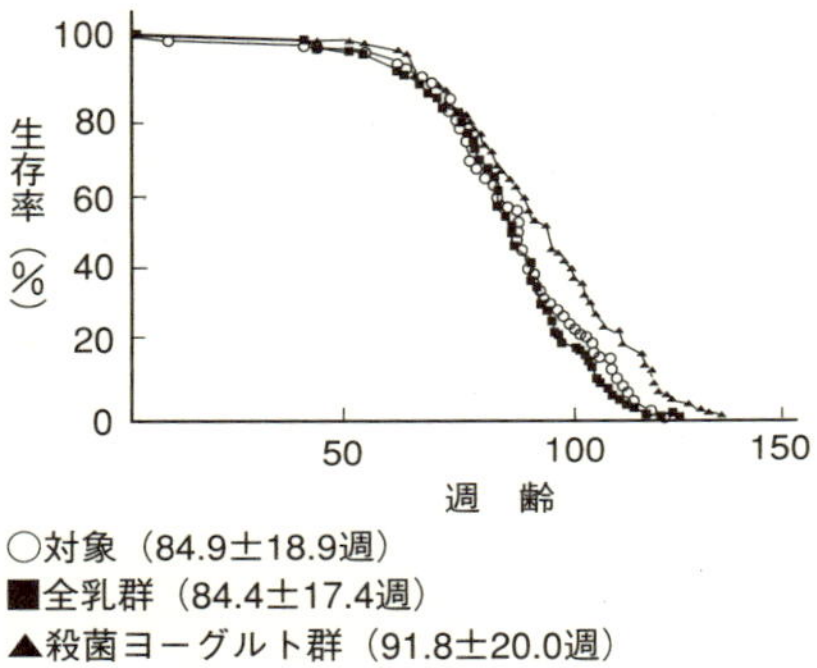

図3-1　異なる食餌を投与した場合のマウスの生存曲線（荒井ら）

通常マウスに比べ、無菌マウスではかなり寿命が延びることがわかる。

ウスと無菌マウスを用いてゴルドンらがおこなった実験は、腸内細菌がマウスの寿命に対しプラスの方向に働いているのか、マイナスの方向に働いているかを調べている点で、たいへん興味のあるものでした。図3―1に示したように、結果はマイナスとなり、通常マウスに比べ無菌マウスではかなり寿命が延びるという結果が得られました。つまり、腸内細菌をもたなければもっと長生きができるということになります。この結果をそのまま人間に当てはめてしまうのは果たして正しいかという疑問も出てきますが、仮に正しいとしても、人間にとって無菌状態で生活すること自体が不可能である以上、腸内細菌といかにうまく付き合うかを考える方がはるかに賢明です。私たちの腸管内で有害菌を増やさないで、有益菌を高いレベルで維持させることこそ大切であるとの結論にいたります。

ヨーグルトが下痢や便秘に効くわけ

すでに述べたように、私たちのお腹には膨大な数の腸内細菌が棲みついており、それらは宿主である私たちによい効果を及ぼす細菌群（有用菌）と、悪い効果しか及ぼさない細菌群（有害菌）に分けられます。有用菌が優勢になるか、あるいは有害菌が優勢になるかは図3―2に示したように、食餌内容、投薬の有無、ストレス、有益菌摂取の有無などによっておもに決定されます。結果的に有用菌優勢の状態がつくられると健康に、また有害菌優勢の状況がつくられるとさまざまな疾病が惹起される原因へ傾いていくわけです。

――便秘とビフィズス菌

その意味で、日常生活において排便頻度と便質の観察は、腸の健康状態を知る上できわめて重要なチェックポイントになります。便秘は便中の水分が減少して硬くなり、排便時に苦痛を感じる状態を意味し、一週に一～三回ほどの排便回数の症状をいいます。慢性便秘の症状をもつヒトの腸では嫌気性細菌、特にビフィズス菌、バクテロイデス菌やクロストリジウム菌などが減少し、好気性細菌である大腸菌やプロテウス菌が増加するといわれています。こうした腸内細菌叢の異常が逆に便秘をもたらしていることを考えると、慢性便秘症は単なる体質と片づけるのは危険であり、便秘は万病の原因であることに十分留意する必要があります。

不快感、腹部膨張、直腸の異常空洞化などの症状を呈する便秘は、繊維性食物やグルテン食物などの摂取不足が原因といわれ、通常はヨーグルトや乳酸菌飲料などによって乳酸菌を摂取し、腸管内で乳酸の生成を促して腸管の蠕動《ぜんどう》を活発にし、便秘を改善する方法がとられています。ヤクルト中央研究所の田中隆一郎博士らは、健康な幼児と成人を対象に一日一〇〇億個のビフィズス菌（ビフィダム菌とブレーベ菌の混合菌）を発酵飲料として経口投与して、糞便中でのそれらの菌数を測定しています。投与の過程ではビフィズス菌が一〇〇〇万～一億のレベルで回収され、排便回数が有意に多くなっていることを認めています。また、投与期間中に採取した糞便中のアンモニア含量と尿中のインディカンの排泄濃度が低下することも認められました。インディカンとはアミノ酸の一種であるトリプトファンが悪害菌によって分解して生成される腐敗物質です。しかし、投与をやめると糞便中のビフィズス菌は投与前のレベルに戻ってしまいます。このことは、便秘を改善する上でビフィズス菌は有効であるものの、常にビフィズス菌を摂取するように心がけることの重要さを意味しています。

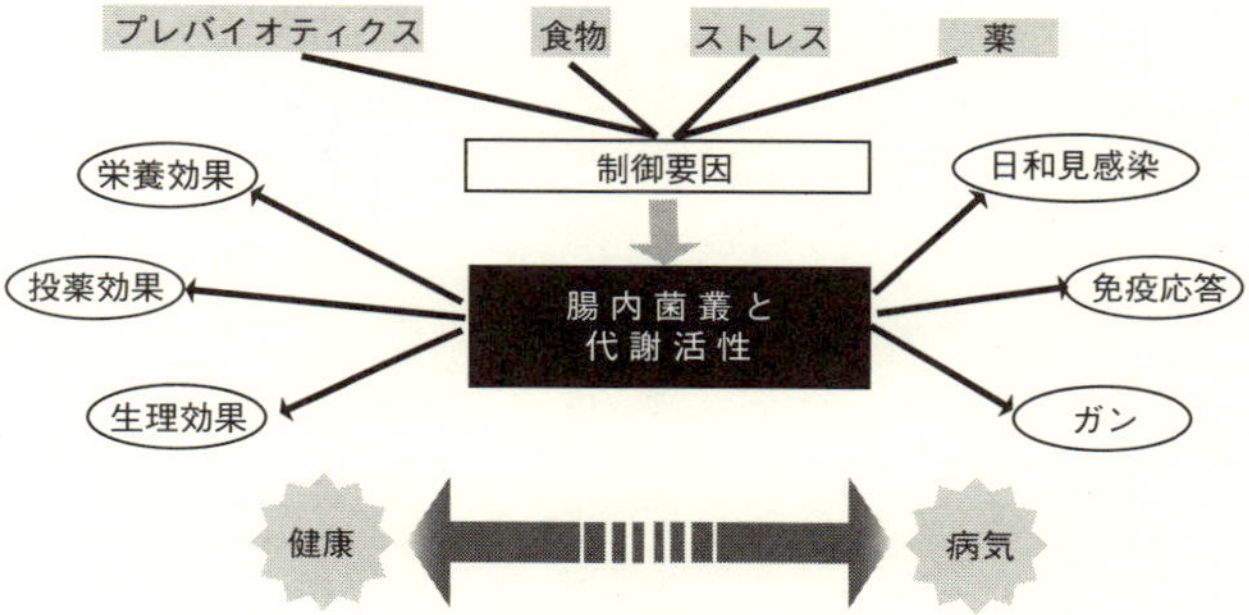

図3-2　乳酸菌と健康

腸内菌叢は、食事内容や投薬の有無、ストレス、有用菌を取り入れているかどうかなどにより変化してくる。

——下痢に効くヨーグルト

一方、下痢は八〇％以上の水分を含み、液状便となって排便の回数も頻繁になった症状をいいます。下痢の原因には病原微生物の腸管感染、病原微生物が産生する菌体内毒素（エンテロトキシン）の小腸粘膜上皮細胞への作用、腸内細菌叢の異常などがあげられます。下痢は乳酸桿菌やビフィズス菌といった嫌気性細菌の数が減少し、大腸菌数が増加する傾向を示すことが指摘されています。そのような異常な腸内細菌叢を正常な菌叢に回復させるために乳酸桿菌やビフィズス菌を使用したヨーグルトや発酵飲料を摂取することは有効な手段といえるのです。

わが国では食餌の欧米化が進み、食生活にも大きな変化が生じています。それにともなって、炎症性腸管障害（ＩＢＤ）が増えています。代表的な炎症性腸管障害として潰瘍性大腸炎とクローン病があげられます。潰瘍性大腸炎は腸管内でのビフィドバクテリウム・アドレセンティス、ビフィドバクテリウム・ロングムといったビフィズス菌が著しく減少し、逆にクロストリジウム・ラモーサムやクロストリジウム・イノキウムといった病原性細菌が増えてきて起こる潰瘍性の下痢です。また、クローン病は特発性慢性型の腸炎で、ビフィズス菌の数が顕著に減少し、上記クロストリジウム菌や大腸菌群、エンテロコッカス菌などが増えることによって起こる下痢症です。潰瘍性大腸炎もクローン病も食生活と密接な関係をもっており、食物繊維や新鮮な果物の摂取量が少なく、精製糖や精製デンプンの摂取が多い場合に起こるともいわれていますが、明確な関連は今後の研究を待たなければなりません。いずれも乳酸菌であるラクトバチルスGG株の摂取によって治癒することが報告されています。GG株はゴルバック博士（Gorback）とゴルディン博士（Golden）によって発見された乳酸菌で、カゼイ菌（*Lactobacillus casei*）の一種です。

ヨーグルトは腸内細菌叢を若返らせる

この本の冒頭で紹介したメチニコフは「乳酸菌を多く摂取することこそ不老長寿の鍵を握ることであり、ヨーグルトを常飲すれば、腸内の悪玉菌による腐敗物質の生成が抑制され、若さを保ちながら長生きできる」と唱えました。以来、多くの科学者たちがヨーグルトについて研究を重ね、彼の死後九〇年が経過した今、彼が予測したことが正しかったことを科学的に証明しつつあります。

――善玉と悪玉、腸内の攻防

私たちのお腹には膨大な数の細菌が棲みついており、食物の消化と吸収を助け、健康維持に役立っている菌種や、腐敗物質、発ガン物質それに毒素を産生して老化や疾病を惹き起こす菌種が常在しています。乳酸菌やビフィズス菌は有用菌の代表的な細菌群で、私たちの身体の免疫力を強めたり、有害菌の異常増殖を抑えてさまざまな病気から私たちを護ってくれています。加齢やストレス、それに食習慣や疾病治療のために止むを得ず飲まなければならない薬（一部）などは有用菌の数を

表3-1　腸内細菌の利点

○　悪害菌に対する増殖阻止
○　→整腸機能
○　免疫応答の賦活
○　消化／吸収の改善
○　ビタミンの合成

減らし、有害菌を活性化させ、健全な腸管菌叢を老化させる最大の要因になっていることがこれまでの研究から明らかにされています。同時に、日頃は音なしのかまえでいた多くの日和見菌《ひよりみ》と呼ばれる細菌群が有害菌といっしょになって私たちに危害を加え始めます。日和見菌は人の弱みにつけ込む悪者で、代表的なものとしてブドウ球菌、プロティウスといった細菌があります。腸内細菌フローラが乱れて、有害菌が優勢の状態が長期間続くと、肝硬変、慢性肝炎、便秘、ガン、下痢、風邪などの病気にかかる危険に陥ります。

――有用菌に加勢する食品

要するに、有用菌優勢の状況を維持させることは健康長寿につながり、有用菌優勢、有害菌劣勢のフローラバランスをつくることは腸内フローラを若返らせる上で絶対に必要なことといえるのです。有用菌を積極的に摂取することは、あらゆる年齢層の人にとって重要ですが、とりわけ壮年期から老年期にかけては有用菌優勢、有害菌劣勢のフローラバランスの状態を維持させる上で絶対に心がけるべきことなのです。表3―1に腸内フローラが宿主に及ぼす有益な面を示しました。腸内フローラがヒトの健康に有益に働く面としてはビタミンやタンパク質を合成して宿主にそれらを供

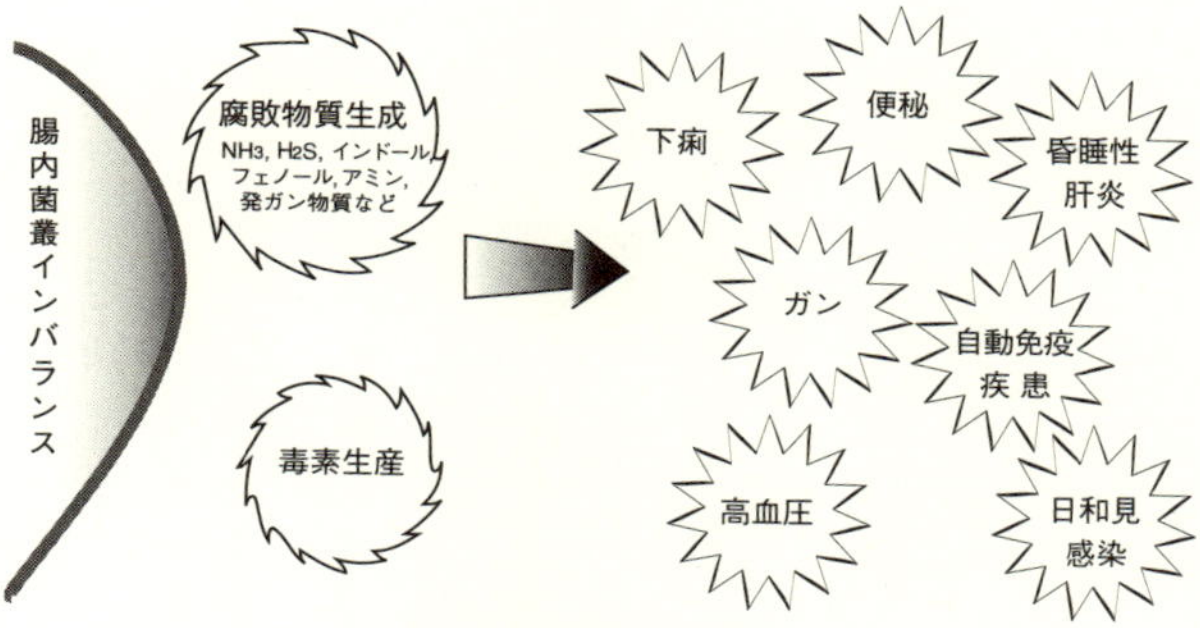

図3-3　腸内菌叢の有害性
腸内菌叢のバランスがくずれた状態が長く続くと、腐敗物質や病原毒素が生産されて、さまざまな疾病の原因となる。

給する点があげられます。ヨーグルト製造に用いられる乳酸菌の多くはB_1、B_2、B_{12}などのビタミンを産生し、またヨーグルトの製造に欠かせない乳酸菌であるサーモフィラス菌はそうしたビタミンの他に葉酸をも産生します。葉酸はホウレン草から見出されたビタミンで抗貧血作用をもっています。また、有用菌優勢の状況下では外から入ってきた有害菌の増殖を阻止し、腸内環境の浄化に働きます。また、有用菌の菌体成分がヒトの免疫能を刺激して健康を維持する上できわめて重要な働きをしています。

――有害菌の勢力が強くなる

一方、有用菌劣勢、有害菌優勢のフローラバランスの状態を維持させると、図3―3に示すように、食物成分であるコレステロール、脂肪、硝酸塩、タンパク質、食品添加物などをもとに多種多様の発ガン性のある腐敗物質をつくり出し、また病原菌の場合は菌体毒素を産生します。これら腐敗物質や菌体毒素は肝臓で解毒されますが、解毒閾《いき》を超えると肝性昏睡症を惹き起こします。肝性昏睡症は肝性脳症ともいわれ、肝臓の機能が果たせなくなる疾病です。正常な肝臓は、消化管から吸収された栄養物を取り入れて老廃物を出す働きの他、血液中のアルブミンや血液凝固因子などのタンパク質の合成、アンモニアや薬物・異物の解毒・排泄などの役割を果たしています。しかし、肝疾患により肝臓の機能が果たせなくなると、人体に有害な物質であるアンモニアを尿素に変えて排泄できなくなるため、血液中のアンモニアの量が増えて、肝性昏睡といわれる意識障害を起こします。また、タンパク質由来のアミンと硝酸塩が容易に反応して強い発ガン物質であるN—ニトロソ化合物がつくられて、細胞の中のＤＮＡを傷つけてガンの原因をつくり出します。その他、下痢、免疫抑制などさまざまな疾患を惹き起こすことになります。

結論として、有害菌優勢、有用菌劣勢のフローラバランスをつくらないよう、日頃から乳酸菌やビフィズス菌のような有用菌の摂取に心がけることが大切であり、ヨーグルトを毎日食べ続けることが推奨される理由は、こんなところにもあります。

カルシウムは命のミネラル

私たちの身体に体重の二％含まれているカルシウムの九九％は骨に、残りの一％は血液や筋肉、臓器などの細胞に含まれています。血液中のカルシウム濃度は一dl当たり九～一〇mg（〇・〇一％）で、海に棲む動物も、陸に棲む動物もその濃度は一定に保たれています。成人では一日六〇〇mgほどのカルシウムが尿や便となって体外へ出てしまいます。後で詳しく説明するように、カルシウムが不足すると骨が弱くなり、高齢者にとって生命そのものを脅かしかねない骨粗鬆症《こつそしょうしょう》を惹き起こします。血液中のカルシウム濃度が低くなると、イライラするだけでなく、病状としては筋肉の痙《けい》攣《れん》が惹き起こされる場合があります。

――筋肉の運動とカルシウム

私たちがとるあらゆる日常的な行動は横紋筋と呼ばれる筋肉の運動によって成立していますが、その筋肉を構成しているのがアクチンと呼ばれるタンパク質とミオシンと呼ばれるタンパク質です。これら二種類のタンパク質が互いに引き合ったり、離れたりすることによって筋肉は伸張したり、収縮したりすることができるのです。実は、筋肉の伸張と収縮にはカルシウムが重要な働きをしています。超微量のカルシウムがその濃度を変えるだけで伸張と収縮をやっており、そうしたカルシウムの濃度変化が起こらない限り、伸張と収縮は絶対に起こりません。ウシやブタでも見られるように、屠畜した後に起こる死後硬直はそのような濃度変化ができなくなるために起こる現象です。

――骨粗鬆症は生き物の宿命？

私たちの身体に含まれるカルシウムはおもに骨に集中して存在することを述べましたが、男性も女性も一生を通じて見た場合、図3―4に示すように加齢にともなって骨量が減少していくことがわかります。結果として、骨に無数の孔ができて、いわゆる骨粗鬆症となるわけです。男性に比べ女性にその傾向が著しくなるのですが、それは骨を守る女性ホルモンであるエストロゲンの分泌が抑制されることが原因です。エストロゲンの分泌が抑制されると、血液や筋肉などに存在しているカルシウムの濃度に変化が生じるため、その濃度を一定に保つ上からもカルシウムの供給が必要となります。そのカルシウムの供給源が骨というわけです。動物にとって子孫を残すことが重要な生存目的の一つであるとするならば、強い子孫を残すためにも高齢者に生殖能力を与えないとする生物的宿命は、女性では閉経、男性では精力減退というかたちで顕れると説いた研究者がおります。その説を是とするならば、骨粗鬆症も最初から生理的にプログラミングされた宿命（アポトーシス）として受け入れなければならないことなのかもしれません。

骨粗鬆症が進行するとそれだけ骨折の危険性が増してくるのは明らかです。そしてその年齢は、女性の場合は四五歳頃、つまり、閉経周辺期から骨量が目立って減少し、骨折の危険性が高くなっていることが理解されます。また、図3—5は大腿骨頸部（骨のくびれて折れやすくなっている部分）を骨折した人の数と年齢との関係を示したものです。このデータは大腿骨頸部骨折者二〇四〇人を対象に浜松医科大学の井上哲郎教授らが得た結果です。高齢者に大腿骨頸部骨折が多発していることが認められます。井上教授らは痴呆者に大腿骨頸部骨折がよく発生しやすく、また骨折にともない死亡率も高くなる事例を指摘し、同時に大腿骨頸部骨折により長期間動けない状態に陥った

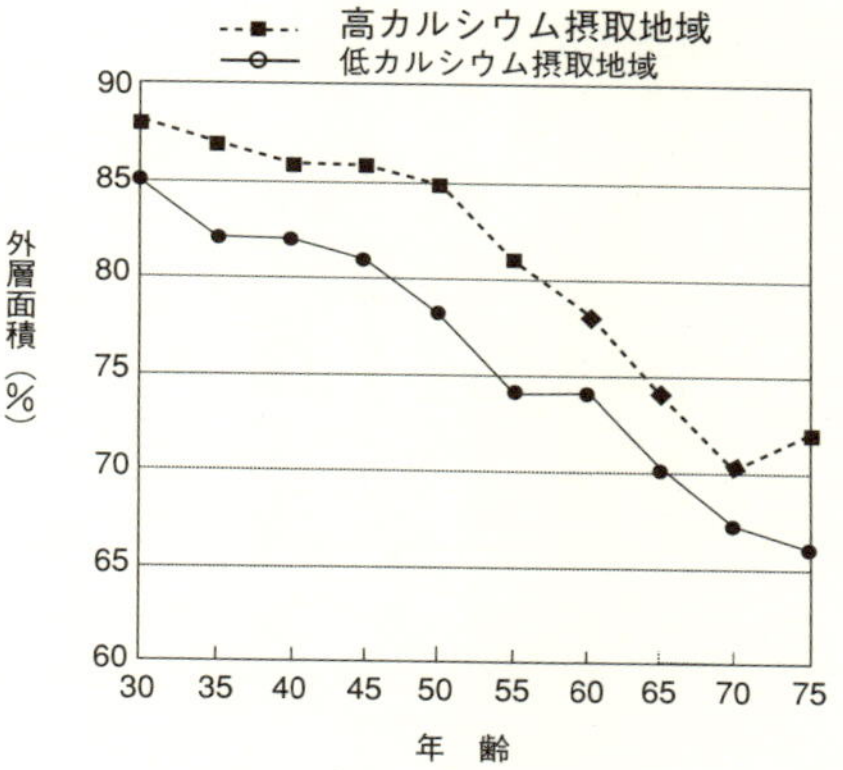

図3-4　骨密度におよぼす カルシウム摂取量の影響（Matkovic ら）

年齢とともに、骨密度は低下していくが、カルシウムを多くとることで現象速度を和らげることができる。

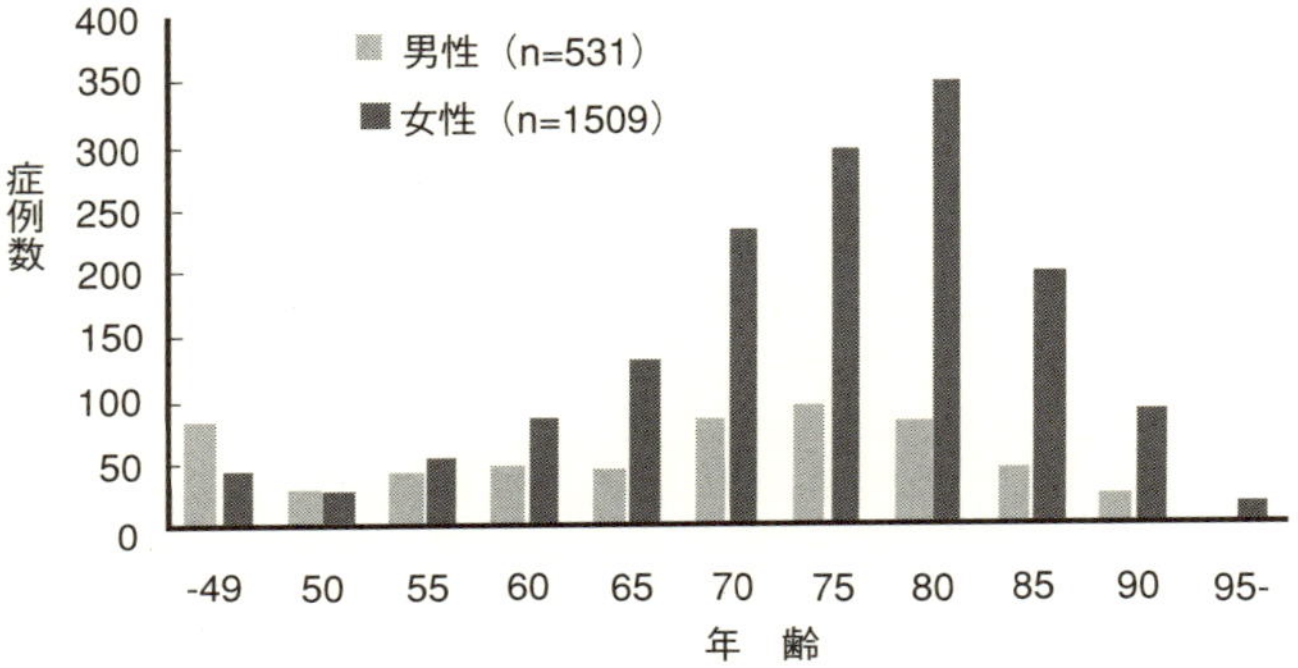

図3-5　大腿骨頸部骨折患者の年齢別発症分布（井上他）
年齢が上がるにつれて、男女ともに骨折しやすくなることがわかる。

結果、それが引き金となって痴呆症状が進行する例が多いことも指摘しています。

結論として、骨粗鬆症による骨折を予防するには薬剤を除けば、①適当な栄養、特に十分なカルシウムの摂取、②適当な運動、③合併症や事故といった危険因子の排除が指摘されます。骨粗鬆症を惹き起こさせないためには命のミネラルともいうべきカルシウムを牛乳やヨーグルト、小魚、海草などによって、若いときからたくさんとることはきわめて重要であるといえるのです。併せて運動は骨量を増やしたり、減少を抑制したりする効果にすぐれており、骨折を防ぐ上でプラスになっています。また、年をとると筋肉の機能が弱くなり、それにともなって骨折を起こす危険性が増してくるので、その意味からも年をとっても運動が必要であることはいうまでもありません。

ヨーグルトとカルシウム

――イワシと牛乳のカルシウム

ミルク中のカルシウムは、①遊離あるいはイオン化しているカルシウム、②リン酸やクエン酸と複合体をつくっているカルシウム、③カゼインに結合したカルシウムの三種類に分けられます。①と②の形態をとるカルシウムはホエイ中に溶けており、可溶性カルシウムと呼ばれています。一方、③のカルシウムはカゼインミセルに由来していることから、この形態のカルシウムをミセル性リン酸カルシウム（ＭＣＰ）と呼んでいます。カゼインミセルとはカゼインがカルシウムや無機リン酸、クエン酸などと強力に結合してできた球状コロイド状の複合体をいいます。多くの哺乳動物種のミルクで大部分のカルシウムは③の形態をとっています。ミルク中のカルシウム含量とカゼイン含量の間には図3―6に示すような関係が成り立っており、カゼイン含量の高いミルクはカルシウム含量も高いことがわかります。

牛乳中には一〇〇ml当たり一一〇mgほどのカルシウムが含まれ、牛乳はカルシウムをもっとも多く含んでいる食品の一つです。ヨーグルトもほぼ同じ量のカルシウムが含まれています。一〇〇g

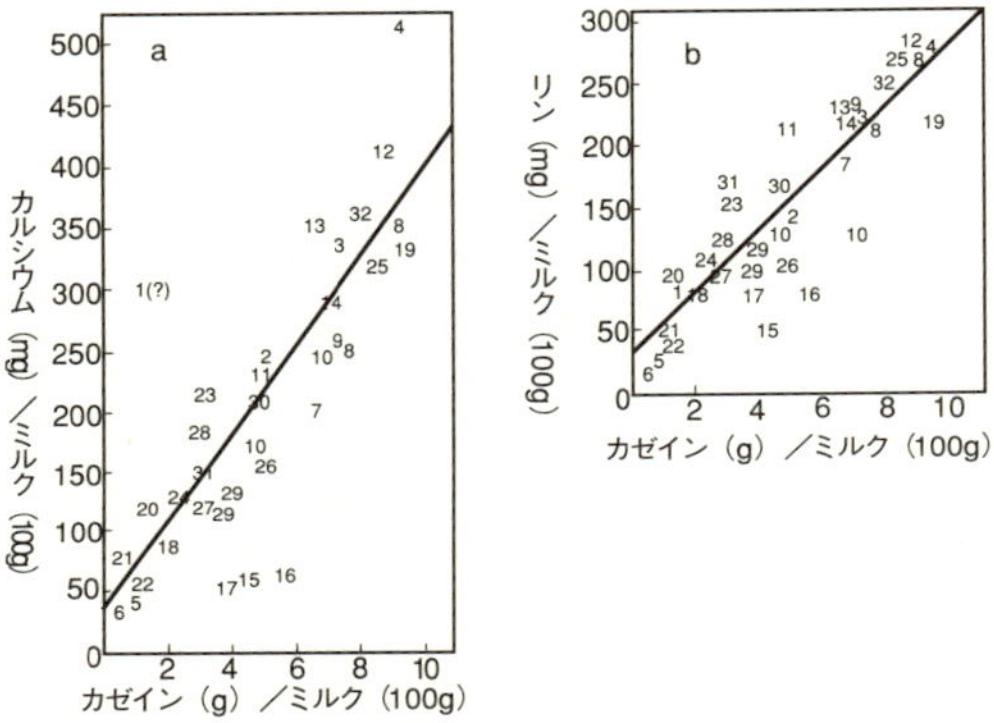

図3-6　ミルク中のカルシウム（a）およびリン（b）含量とカゼイン含量の関係（Jenness）

カゼインを多く含むミルクほど、カルシウムの含量も多くなる傾向が認められる。1：コウモリ（long-tongued）、2：コウモリ（little brown）、3：コウモリ（free-tailed）、4：ウサギ、5：ヒヒ、6：ヒト、7：ハムスター、8：ラット、9：マウス、10：テンジクネズミ、11：犬、12：クロクマ、13：ハイイログマ、14：ホッキョクグマ、15：オットセイ、16：ゾウアザラシ、17：タテゴトアザラシ、18：インドゾウ、19：ツチブタ、20：ウマ、21：ロバ、22：サイ、23：ブタ、24：ラクダ、25：トナカイ、26：キリン、27：ウシ、28：スイギュウ、29：ヤギ、30：ヒツジ、31：マッコウクジラ、32：コビレゴンドウクジラ

当たりの量を単純に比較してみると、牛乳よりも多くのカルシウムを含む食品はありますが、より現実的には、一回の摂取量での比較とその食品の体内での吸収率を考慮する必要があります。たとえば、成人がイワシ六〇gを食べた場合と、牛乳二〇〇mlを飲んだ場合、どちらがカルシウムを多く吸収するかについて調べた実験結果があります。イワシ六〇g中には四二mgのカルシウムが含ま

れますが、腸管から吸収されるのは三三%程度、つまり一四mgとなります。それに対し、牛乳では二〇〇ml中にカルシウムが二二七mg含まれ、そのうち四〇%近くが腸管から吸収されるので九一mgのカルシウムが有効に使われることになります。牛乳中のカルシウムが腸管での吸収性に非常にすぐれていることがわかります。

――牛乳のカルシウムと腸管の相性

すでに多くの研究者たちが牛乳中のカルシウムが腸管での吸収性にすぐれていることの理由について検討を重ねてきました。今日明らかになっている理由として、牛乳中に含まれているラクトースや牛乳カゼインの消化過程で生じるカゼインホスホペプチド（CPP）と呼ばれるリンを含むタンパク質が、カルシウムの腸管での吸収に関与していることが証明されています。その他、牛乳中のビタミンD、リジン、アルギニンなどにもカルシウムの腸管での吸収を促進させる作用があることも明らかにされています。

さらにもう一つの理由として、カゼインに結合したカルシウムであるミセル性リン酸カルシウム（MCP）そのものが腸管での吸収にすぐれていることが明らかにされています。腸管で牛乳中のカルシウムの吸収率が高いのはMCPゆえであるとの見方がなされているのです。また、鹿児島大学の青木孝良教授らはMCPとCPPとでつくられる複合体（MCP―CPP）がきわめて水に溶けやすい性質をもち、かつ溶解後も中性pH以上ではカルシウムがほとんどイオン化せず、共存するタンパク質などに対する影響も少ないことを認めており、MCP―CPPの利用に新たな期待が寄せられています。

――カルシウム不足の現代人

今日の日本は飽食時代を謳歌し、十分すぎる栄養をとっていますが、不足しているものにカルシウムがあげられています。カルシウムの所要量は一日に最低六六〇mgとなっていますが、最近の国民栄養調査結果によると、カルシウム摂取量は平均で五五〇mgであり、所要量を下回っています。ヨーグルト中のカルシウムは腸管での吸収率や存在形態が牛乳の場合とほぼ同様であることから、カルシウムの供給源としての価値を十分にもっています。さらに、牛乳やヨーグルト中でのカルシウムとリンとの比率は一・三対一ですが、これは、ちょうど骨や歯の形成、維持に適切な割合になっていることも忘れてはならない長所です。ちなみに、一日のカルシウムの必要量を牛乳のみで満たそうとすると六六〇mg、ヨーグルトでは五〇〇mlほどで、いずれも飲めない量ではありません。なお、牛肉ですと六・二kg、鶏卵では二九個に相当します。

日本人の胃腸と牛乳

――乳糖不耐症とは

牛乳を飲むと腹部膨張、腹鳴、鼓腸、腹痛それに下痢症状を呈する人がいます。これは乳糖（ラクトース）不耐症と呼ばれており、ラクトースを分解する酵素であるラクターゼ（正式には、β―1、4ガラクトシダーゼ）の活性がごく弱いか、ほとんど分泌されないためにラクトースが分解されないことが原因となって起こります。腸管壁に接近したラクトースが浸透圧を高め、腸管壁内部から水を引き出すため下痢などの症状が起こると説明されています。一方、ラクトースは腸内細菌によって二酸化炭素、水、および有機酸を生成します。二酸化炭素は膨張し、有機酸は腸管壁を刺激して下痢を惹き起こします。下痢便は泡立ち、明黄色もしくは褐色になります。表3―2に示したように、白人種に比べて有色人種に発生頻度が高い傾向があることから、人種的要因が原因とされ、成人に多く見られます。医学的に乳糖不耐症と判断された人でも一日二五〇ml程度の牛乳飲用なら病的な症状をともなわないで、摂取が可能であるともいわれていますので、そうした人は少量

表3-2　人種による牛乳不耐症の発生頻度

人種	発生頻度（%）
バルチモア黒人	70
ウガンダ黒人	72
ネイティブアメリカン	67
オーストラリアアボリジニー	70
グリーンランドエスキモー	88
中国人	60
インド人	80
ニューギニア人	100
タイ人	97
ギリシア・キプロス島住民	88
アメリカ白人	19
オーストラリア白人	0
ヨーロッパ白人	6

ずつ数回に分けて飲むのも一つの方法と思います。さらに、大部分のラクトースが分解されているヨーグルトやチーズを牛乳の代わりにとるのも一つです。また、ヨーグルトといっしょにして牛乳を飲むと下痢や腹痛をともなわないで飲めるという人もいますが、これはヨーグルトに存在する乳酸菌やビフィズス菌のつくりだしているラクターゼを活用している点でたいへん理にかなった飲み方だと思います。

——成長とともに少なくなる酵素

すでに述べたとおり、ヒトを含めた動物の多くはα—グリコシド結合を分解する酵素系であるα—グリコシダーゼはよくそなわっていますが、β結合を分解する酵素であるβ—グリコシダーゼはあまりそなわっていません。乳幼児では母乳を飲む期間はβ—グリコシダーゼとしてのβ—ガラクトシダーゼを分泌しますが、成長にともなって分泌しなくなります。乳糖のようにβ結合をした糖を分解する酵素は乳を飲んでいる期間は当然必要ですが、離乳後はその必要性がなくなることから、遺伝的制御機構が働いて分泌が低下するものと考えられます。

一方、乳幼児期における動物はなぜエネルギーを使ってラクトースを摂取するのか、β―ガラクトシダーゼの発現機構がその一端の意味をもち合わせているように思われます。ちなみに、α―グリコシド結合をもつラクトースはいまだ天然界に見出されていません。さらに蛇足になりますが、本来ラクトースを利用吸収（資化）しない大腸菌でも、炭素源がラクトース以外になくなるとラクトースを分解して栄養源とするためにβ―ガラクトシダーゼをつくり出します。そのメカニズムを解明したのはパスツール研究所のヤコブ・モノー（J. Monod）博士です。この研究はラクトースオペロン説として知られ、ノーベル賞が授与されたことでも有名です。

――ある実験――牛乳に強くなった日本人のお腹？

ふたたびラクトース不耐症の話に戻します。日本人は牛乳をたくさん飲むことができないとする見方が本当に正しいかどうかは今後の研究を待たなければなりませんが、最近長崎シーボルト大学の奥恒行教授は興味ある調査結果を発表しています。同教授はラクトースを三〇g与えて下痢をしなかった四九名の女子学生（平均年齢二一才）に四〇～六〇gのラクトースを段階的に与えたときの下痢の発症率を調べました。コントロールとして二〇～四〇gの腸管で分解されないラクチトールを段階的に与えて同様に下痢の発症率を調べました。図3―7に結果を示しました。

図から明らかなように、下痢を引き起こさなかった最大量はラクトースとラクチトールでそれぞ

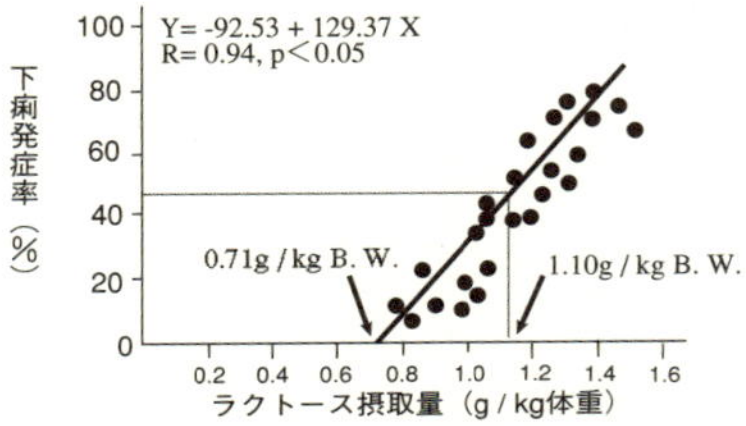

ラクトースを30g与えて下痢をしなかった被験者（49名）にラクトースを段階的に与えた（40～60g）ときの下痢の発症率
（ED50 : 1.10g / kg B. W.）

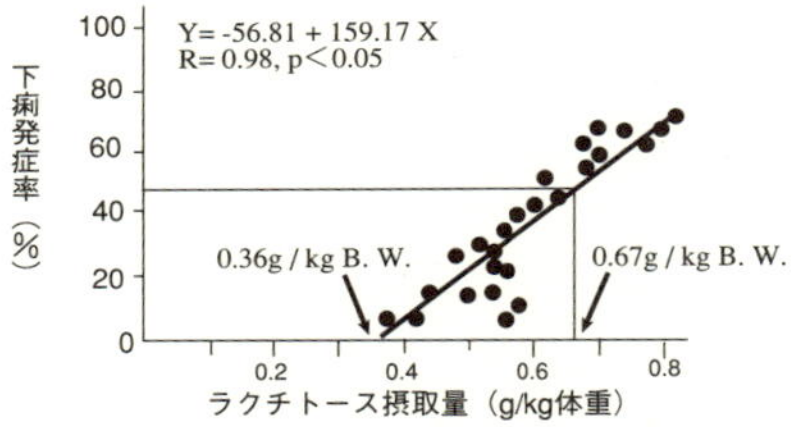

ラクチトースを12g与えて下痢をしなかった被験者（49名）にラクチトースを段階的に与えた（20～40g）ときの下痢の発症率
（ED50 : 0.67g / kg B. W.）

図3-7　ラクトースとラクチトールによる
下痢発症率（奥）

下痢を引き起こさなかったラクトースとラクチトールの最大量を比べると、体重50kg当たり17.0gの差がある。ラクトース17.0gを含む牛乳の量は778mlに相当することから、被験者になった女子大学生たちは、これだけの量の牛乳を飲んでも平気であるということになる。

れ体重一kg当たり〇・七一g、ならびに同じく〇・三六gであり、女子学生の体重を仮に五〇kgとすると、ラクトースでは三五・五g、ラクチトールでは一八・〇gになり、両者の差が一七・〇gということになります。一七・〇gのラクトースが得られるのには牛乳七七八mlが必要です。つまり、七七八mlの牛乳を飲んでも被験者になった女子大学生たちは平気であるということになります。この結果を今の若い世代の日本人に当てはめていいかどうかは議論が分かれるところです。また、たくさん飲めることの理由として、①日本人の遺伝的素質は変わらないので、むしろラクトースを分解できる腸管微生物が若年層を中心に増えてきているのではないか、②学校給食や食事の欧米化によって牛乳を小さいときからたくさん摂取してきたためではないかの二つの理由を奥教授はあげています。

ヨーグルトは抗菌物質の宝庫

——ヨーグルトの抗菌物質

ヨーグルトにはさまざまな抗菌物質が存在しています。ヨーグルトの腸管における働きの一つに感染症の防御があげられるのもそのためです。牛乳由来の抗菌物質としてすでに説明したようにラクトフェリンがあります。ここではラクトフェリン以外の抗菌物質で、乳酸菌やビフィズス菌の産生する抗菌物質について説明したいと思います。

乳酸菌やビフィズス菌による栄養成分の分解過程での最終生産物である乳酸、酢酸、プロピオン酸といった有機酸はその環境を酸性状態に変え、そのために病原菌や腐敗菌の増殖を抑えます。有機酸は細胞膜の維持に大きな影響力をもち、細胞内のpHを低下させることによって、悪害菌の代謝活性を低下させます。有機酸は、バクテリアだけではなくカビや酵母に対しても抗菌力をもち、またグラム陽性菌とグラム陰性菌の両者に対しても抗菌性を発揮します。一例を示すと、乳酸菌がつくり出すプロピオン酸はカビや酵母に対しても抗菌力を発揮します。有機酸の他に、ヘテロ発酵によって生成するエタノール、好気培養によって生成する過酸化水素（H_2O_2）、さらにクエン酸からピルビン酸が過剰になったときに生成するダイアセチルなども抗菌性を有しています。さらに、このような有機酸、脂肪酸、エタノール、それに過酸化水素などの他に乳酸菌やビフィズス菌は菌種によってバクテリオシンと呼ばれる抗菌物質をつくる場合があります。乳酸球菌ならびに乳酸桿菌の生産するバクテリオシンについて、たとえば、乳酸桿菌が生産するものとして、表3―3に示す物質が近年報告されています。

乳酸菌の産生するバクテリオシンは発酵食品のスターターを中心に見出されたものが多く、その中でも利用可能なバクテリオシンとして次の条件を満たしていることが重要です。

①食品から構成菌として分離された細菌で、安全であること。

②できれば熱安定性と広範囲の微生物に対する抗菌性を有

表3-3　乳酸桿菌*Lactobacillus*が生産するおもなバクテリオシン

乳酸菌	バクテリオシン	研究者
L. helveticus 481	ヘルベチシンJ	Joergerら
L. acidophilus N2	ラクタシンB	Barefootら
L. acidophilus 88	ラクタシンF	Murianaら
L. plantarum NCDO1193	プランタシンB	Westら
L. sake Lb706	サカシンA	Schillingerら
L. brevis B37	ブレビシン37	Rammelabergら
L. casei B80	ギャセリシン80	Rammelabergら
L. delbrueckii sp. *bulgaricus*	ラクティシン	戸羽ら
L. acidophilus LAPT1060	アシドフィリシン	戸羽ら
L. gasseri	ギャセリシンA	戸羽ら
L. reuteri LA6	ロイテリシン6	戸羽ら
L. gasseri	ギャセリシン10239	細野ら

していること。
③できれば広いpHと温度範囲で利用可能であること。
④食品において活性が安定で、かつ食品添加物に対しても変質しないこと。
⑤食品の品質に悪影響を与えないこと。
⑥低濃度で有効で、かつ経済的であること。

乳酸菌が生産するバクテリオシンについての草分け的研究としてホワイトヘッドらの業績があげられます。彼らは一夜放置したチーズ製造用の混合乳が、ときどきスターターの生産性を低下させる現象について、その原因を追及し、それがラクトコッカス・ラクチスに近縁の乳酸球菌（F7およびF8）であることを突き止めました。後に、この抗菌物質はディプロコクシンと命名されました。また、マティックらはラクチス菌が抗菌性をもつ熱安定性の低分子物質を生産することを認めました。この物質は同氏らによってナイシンと命名されました。ナイシンは現在も乳酸菌が生産する代表的なバクテリオシンであり、日本では保存料として使用することは禁止されていますが、多くの国で使用されています。

——注目の抗菌物質

ロイテリンとロイテロサイクリンというバクテリオシンは乳酸菌が産生する抗菌物質として興味

がもたれる物質です。これらの抗菌物質はラクトバチルス・ロイテリ（*Lactobacillus reuteri*）によって生産されるものです。ロイテリンはカビ、プロトゾア、グラム陽性ならびに陰性の広範囲のバクテリアに対して抗菌性を発揮します。ロイテリンはグルコースとグリセロール、もしくはグリセルアルデヒドの存在下で嫌気培養した場合、増殖停止期に産生されます。

一方、ロイテロサイクリンは負に荷電する疎水性の強い抗菌材であり、新しい四量体の酸で、バチルス属やリステリア菌などのグラム陽性菌に対してすぐれた抗菌性を発揮します。おもしろいことに、ロイテリ菌の細胞外膜が損傷を受けた時や、リポ多糖類（LPS）に異常が生じた時、また酸性下で培養されると、産生されるロイテロサイクリンは大腸菌やサルモネラといったグラム陰性菌に対して抗菌力を発揮するようになるのです。ナイシンも生産菌の細胞外膜に損傷を受けると、同じような現象が現れます。

発酵乳の匂いの本体

――「おいしさ」の感じ方

おいしさは図3―8に概念図を示したように、食品を口に入れたとき、視覚、聴覚、臭覚、味覚、触覚の五つの感覚による総合的感知によって決定されます。視覚では外観と色調、聴覚では調理音、泡立音、臭覚では香気、臭気、味覚では甘味、酸味、塩味、苦味、旨味、辛味、渋味、そして触覚では口当たり、舌触り、こく、温度などが属性です。おいしいと思う感覚は、年齢、食べなれたもの（おふくろの味）、健康状態、食べやすいもの、手に入れがたいもの、体調的なもの（スポーツをした後の冷たいビールや水）などによって決まります。また、「おいしい」と感じることを感情的、快楽的に捉《とら》えるならば、口に入れて期待が当たれば「おいしい」、期待が外れれば「まずい」ということにもなりますし、あばたも笑窪的においしいということも往々にしてあることです。しかし、人の味や香りに対する感知の仕方は、風味、色調、組織（テクスチャー）、温度の中で感じ取るもので、それらが互いに影響し合うことによって「おいしさ」が決まるわけです。したがって、

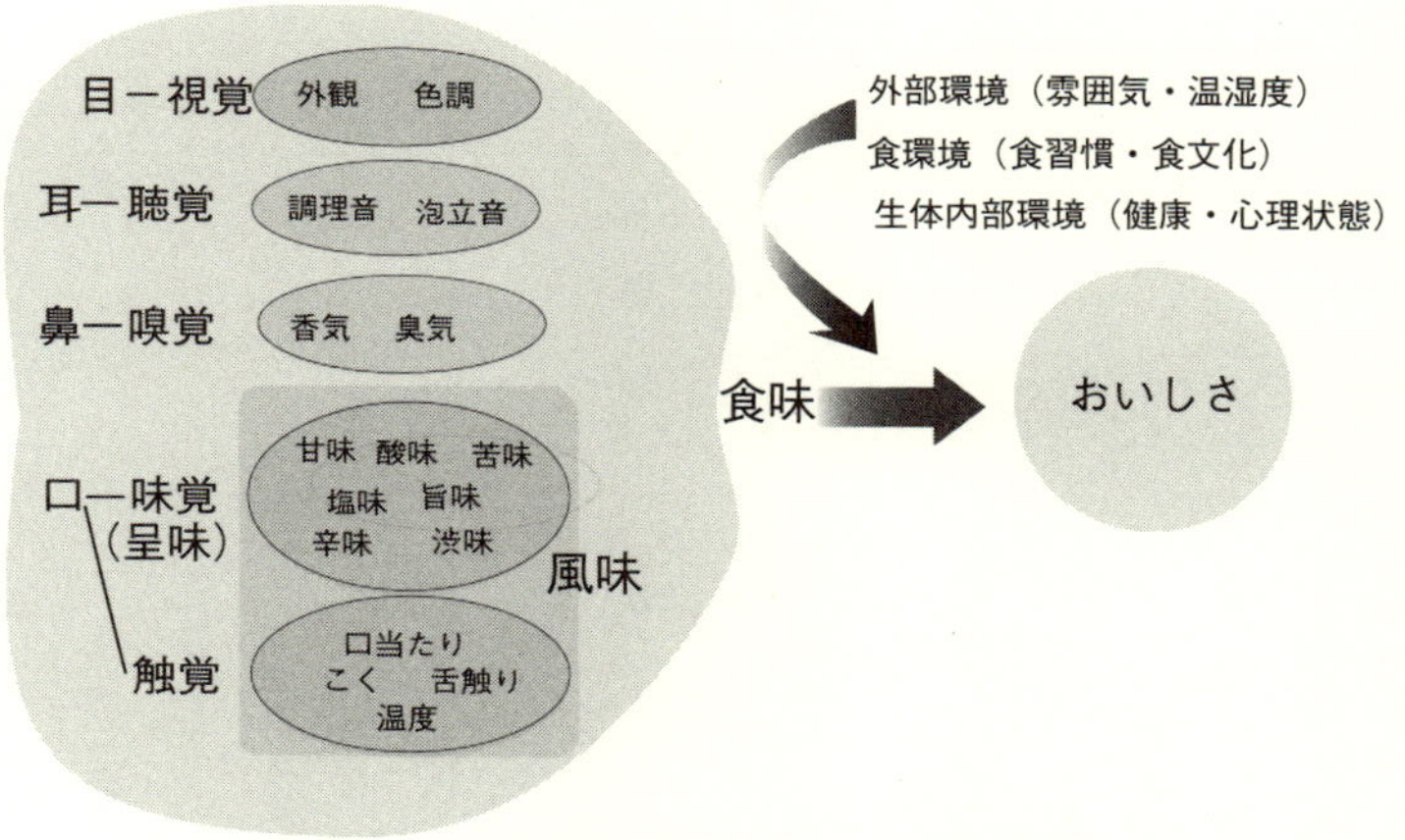

図3-8　「食品のおいしさ」の成り立ち（小俣）
食べ物を「おいしい」と感じるのは、5つの感覚の総合的な知覚によるが、同時に、外部環境・食環境・生体内部環境という3つの要素も影響している。

感知される味や香がその人にとってちょうどよかったときに「おいしい」ということになりますし、また厳密には人によって「おいしさ」の閾値が違うので、一義的に「おいしさ」を定義することはできないのも事実です。

――「おいしい」ヨーグルトの開発

さて、前述したように日本でヨーグルトが工業的につくられ、市販されたのが一九五〇年のことです。当時の製品は寒天、砂糖、香料を入れてつくられたもので、おいしさを重視したものでした。一九七一年には甘味料や香料を一切入れないプレーンヨーグルトがつくられるようになりました。ヨーグルトは爽やかでおいしいとする評価を得ながら、また国民の健康志向が高まる中で、薬ではなく真

表3-4　ヨーグルトの芳香成分

化合物	ヨーグルトにおける重要度	起　源
アセトアルデヒド	主要な芳香成分	乳糖、各種アミノ酸
ジアセチル	芳香に寄与	クエン酸、乳糖
アセトン	重要でない	クエン酸、乳糖
揮発酸	芳香に寄与	乳糖、タンパク質、脂肪
ブタノン−2	重要でない	乳糖、脂肪
エタノール	重要でない	乳糖

の食品として健康に寄与する機能をもった製品の開発が進み、各社とも年ごとに売り上げを伸ばしてきました。しかし、いくらすぐれた機能性をもったヨーグルトがつくられても、おいしくなければ食品として市場に認められ、広まることは望めません。わが国ではヨーグルト（発酵乳）の製造に用いる菌として「乳酸菌又は酵母」と省令で定められているだけで、乳酸菌と酵母の菌種指定がなされていないことが、機能面とおいしさを併せもった製品を開発しやすくしていると思います。

——二つの菌の相乗効果

しかし、日本のヨーグルトもサーモフィラス菌とブルガリカス菌を使用する場合が多く、これら乳酸菌の一つを使用しただけでは良質のヨーグルトをつくることはできません。まず、発酵の初期にサーモフィラス菌が増殖して、酸を生成しながら滑らかな組織を形成します。酸がつくられることによりpHが五・五〜五・〇になると、サーモフィラス菌の増殖は緩慢になり、次いでブルガリカス菌が旺盛に増殖し、さらに酸味を増加させて良好な風味を整えます。プレーンヨーグルトの呈する独特な風味は表3―4に示すとおりです。中でもブルガリカス菌によって生成されるアセトアルデヒドはヨーグルトの風味を決定する主要成分です。また、ビフィズス菌を併用すると、乳酸の他に酢酸も生成されるため、風味のコントロールがむずかしくなります。しかし、風味上欠陥があるといわれる部類のヨーグルトはアセトアルデヒドの生成量が低い場合（一〇ｐｐｍ以下）や過度の酸味、あるいは酸味不足が原因ですので、乳酸の割合で表せば〇・八五～〇・九五％になるように十分留意して製品をつくっているわけです。

ヨーグルトに関するアンケート調査の結果でみると、日本人の中ではヨーグルトは全年齢層を通じて男性よりも女性が好み、かつ、若い世代ほど好む傾向にあります。しかし、後述するように近年ますますヨーグルトの保健機能について科学的追及がなされ、次々とすぐれた機能が明らかにされてきたことから、高年齢層の人たちの間にも発酵乳の消費量が増えてきていることは、たいへん好ましいことと思います。

4章　ヨーグルトの贈り物——健康

ヨーグルトの栄養成分

——栄養の質に差あり

ヨーグルトは牛乳を原料にしてつくられることから、牛乳の栄養を保持していることは当然ですが、タンパク質、脂質、ラクトースは乳酸菌やビフィズス菌による発酵のせいで、風味成分や有機酸がつくり出されて、牛乳そのものとはかなり栄養成分が違っています。表4—1に普通牛乳、ヨーグルト、乳酸菌飲料の成分組成を示しました。一〇〇g当たりのエネルギーは普通牛乳で六七キロカロリーであるのに対し、全脂無糖のヨーグルトで六二キロカロリー、脱脂加糖で六七キロカロリー、そしてドリンクタイプで六五キロカロリーと、エネルギーで見るかぎり、牛乳もヨーグルト

表4-1　発酵乳・乳酸菌飲料の化学的組成（製品100g当たり）

	牛乳	発酵乳（ヨーグルト）			乳酸菌飲料		
	牛乳	全脂無糖	含脂加糖	脱脂加糖	乳製品	殺菌乳製品	乳主原
乳等省令の成分規格の無脂乳固形分含量	8.0%以上	8.0%以上	8.0%以上	8.0%以上	3.0%以上	3.0%以上	3.0%未満
エネルギー							
Kcal	59	60	84	76	69	211	56
KJ	247	251	351	318	289	883	234
水分（g）	88.7	88.0	78.9	80.0	82.1	45.5	85.5
タンパク質（g）	2.9	3.2	4.0	3.5	1.1	1.5	0.4
脂質（g）	3.2	3.0	0.9	0.1	0.1	0.1	0
糖質（g）							
乳糖	4.5	5.0	6.3	5.5	1.9	2.6	0.7
乳糖以外の糖	0	0	9.0	10.0	14.5	50.0	13.3
灰分（g）	0.7	0.8	0.9	0.9	0.3	0.3	0.2
無機質							
カルシウム（mg）	100	110	130	120	43	55	17
リン（mg）	90	100	110	100	30	40	12
鉄（mg）	0.1	0.1	0.2	0.1	0	0.1	0
ナトリウム（mg）	50	50	60	60	18	19	19
カリウム（mg）	150	140	150	150	48	60	32
ビタミン							
A効力（I. U.）	110	100	32	0	0	0	0
B1効力（mg）	0.03	0.04	0.05	0.03	0.01	0.02	0
B2効力（mg）	0.15	0.20	0.20	0.15	0.05	0.08	0
ナイアシン（mg）	0.1	0.1	0.1	0.1	0	0.1	0
C効力（mg）	0	0	0	0	0	0	0

もあまり変わりません。さらに、全脂無糖のヨーグルトのタンパク質、脂質、糖質、灰分などの栄養成分を普通牛乳のそれらと比べてもあまり違いが見出されません。しかし、表4―1から読み取ることのできない部分、つまり各栄養成分の質はかなり違っているのです。以下に各栄養成分について説明します。

①タンパク質

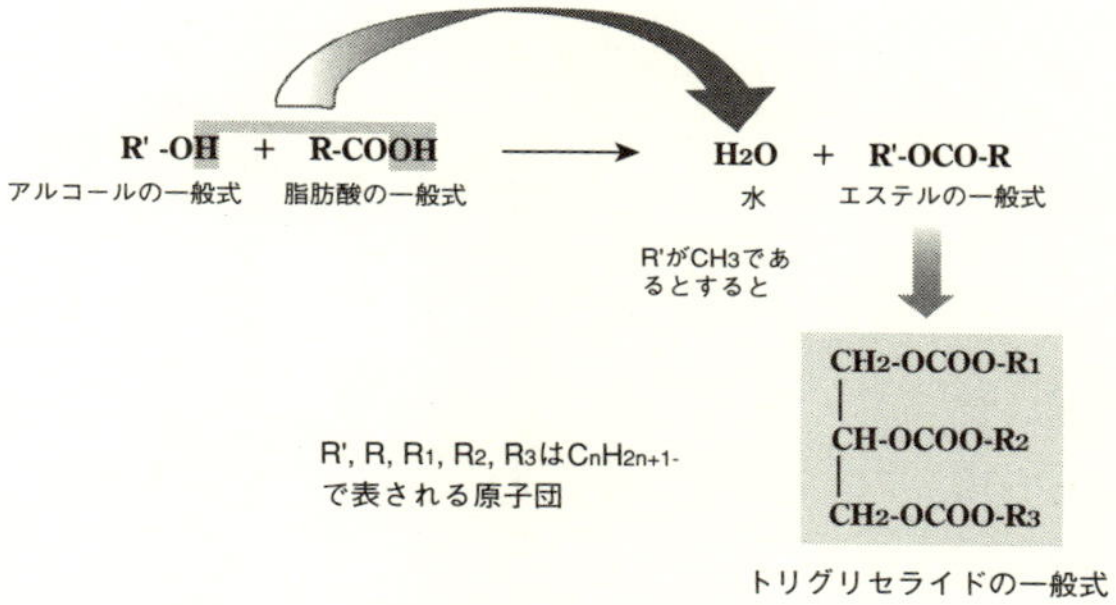

図4-1　トリグリセライドの一般式
アルコールと脂肪酸が化学的に結びついて水と化合物（エステル）が生成される。

ヨーグルトの製造過程で乳酸菌やビフィズス菌のプロテナーゼやペプチダーゼといった酵素によって牛乳中のタンパク質はアミノ酸まで分解されます。そのため、できあがったヨーグルトは牛乳に比べてアミノ酸や非タンパク態窒素が二～三倍に増えています。さらに胃内でのヨーグルトの滞留時間は牛乳よりも長く、ヨーグルトタンパク質の加水分解はより十分に進むこともわかっています。したがって、ヨーグルトのタンパク質は牛乳タンパク質に比べてヒトの消化管での消化、吸収がかなり良好であるといえるのです。

②乳脂肪

乳酸菌やビフィズス菌は脂肪を分解する酵素であるリパーゼをほとんど産生しないため、発酵によって原料乳の脂質を質的に大きく変えることはありません。乳脂肪にはトリグリセライド、ジグリセライド、モノグリセライド、遊離の脂肪酸、コレステロール、リン脂質などがありますが、大部分はトリグリセライドと呼ばれる形態です。トリグリセライドは図4―1に示すように、アルコールに脂肪酸が結合したもの（エステル）が三つ（tri-《トリ》）つながった形をしています。発酵によって微量ながら遊離の脂肪酸が生成することも事実で、特に酢酸、プロピオン酸、酪酸など短鎖の脂肪酸はヨーグルトの風味を特徴づける成分です。この場合の短鎖とは炭素原子の数が一〇個以下のものをいいます。

③糖質

牛乳に存在する糖の九九%がラクトースで、牛乳一〇〇mlにラクトースが約四・五gほど含まれていることをすでに述べてきました。所定の発酵時間で乳酸菌やビフィズス菌が分解酵素であるβ―ガラクトシダーゼを産生してラクトースの三割近くを分解し、グルコースとガラクトースに変えてしまいます。グルコースはさらに分解され、ヨーグルト中にはほとんど存在しませんが、ガラクトースは〇・二～〇・三%程度残存しています。ラクトースをはじめその分解物であるグルコースやガラクトースはともに腸管での腐敗物質であるインドールを生成させるトリプトファナーゼと呼ばれる酵素に対して活性を阻害する傾向に働き、インドールを生成しにくくします。また、前述したように、ラクトース不耐の症状の軽減にもヨーグルトは一役を担っています。

④乳酸

ヨーグルト中の乳酸は〇・八五～〇・九五%ほど含まれ、腸にあっては蠕動《ぜんどう》に寄与しながら、一部は腸管から吸収されてエネルギーに変えられます。

⑤ビタミン

ヨーグルトではビタミンB_1、B_2、B_{12}が乳酸菌によって生成されますが、牛乳中のビタミンもまたそのまま維持しています。市販牛乳にはビタミンCは本来含まれていませんが、表4—1に示すようにヨーグルトは多様のビタミンを含んでいます。

⑥ミネラル

ヨーグルトに含まれるミネラルは原料乳のそれを反映しています。すでに説明したとおり、カルシウムは骨粗鬆症《こつそしょうしょう》予防の上で重要なミネラルです。ヨーグルト中のカルシウムは牛乳中のカルシウムよりもより吸収されやすい状態になっています。それはヨーグルトにはラクトースのみならず、カゼインの分解物でカルシウムの腸管吸収を促進する性質をもつカゼインホスホペプチド（CPP）が存在しているからです。

食物とガン

――成人病と生活習慣病

生活習慣病が叫ばれるようになってすでに久しいことです。ガンをはじめとする生活習慣病の多くは以前は成人病と呼ばれていましたが、「成人病」という表現に対しては成人になってから気をつければいいとする安易な気持ちを抱かせる反面、不治の病をイメージさせ予防への積極的な意欲を醸成させにくいとする指摘がありました。そうした語弊を一掃させ、健康のうちに日常的に疾病予防を心がけていくことこそ最良の方策であるとして厚生省（当時）公衆衛生審議会成人病難病対策部会が一九九六年に「生活習慣病」という用語を定め、各人が意欲的に認識することの重要性を指摘しました。二〇〇二年には偽装表示の多発を踏まえてＪＡＳ法の改正がなされ、また二〇〇三年には消費者の保護を基本とした包括的な食品の安全を確保するための法律として食品安全基本法が制定されました。

このことの背景には、わが国を含む先進国では栄養バランスのとれた健康的で豊かな食生活が可能になっている反面、食生活における栄養バランスが崩れ、多種多様の食品汚染物質や環境汚染物質が人体や生活環境を悪化させ、深刻な問題を提起していることがあげられます。同時に畜産物を中心とした諸々の食品に関する事故や事件があったことも事実です。一九九七年の堺市での病原性大腸菌O-157の集団食中毒発生事故、二〇〇一年に約一万五〇〇〇名の患者を出した低脂肪乳などによる食中毒事故を初め、二〇〇二年の国内初のBSE牛確認後、二〇〇三年の偽装牛肉事件や鶏肉偽装事件、さらには鶏のH5ウィルスによる大量死亡など、消費者・国民の食に対する信頼が大きく揺ぎました。今では、日本人が口にする食べ物の多くが否応なしに外国から入ってくる時代で、流通もいっそう複雑になっています。そうした中、上に記したような法的整備も必要ですが、食べ物を口にするわれわれ一人一人がかたよった食生活にならぬよう、かつ安全な食物をバランスよく摂取するように日頃から十分に注意を払うことが大切です。

――日常生活とガン

ところで、食物を摂取することは私たちが命を維持させる上で欠くべからざるものですが、食べることによってガンが起こっている現実も確かです。図4―2はイギリスの医学者ドールらが日常生活とガンとの関係について疫学的調査をおこなって得られた結果です。この図から明らかなように食物が発ガンと密接な関係にあることが理解されます。このことは、時代、人種、老若男女の仕

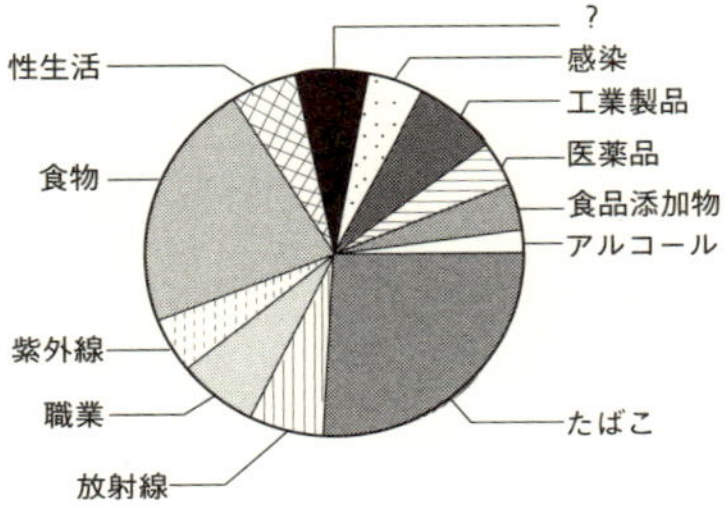

図4-2　日常生活とガンとの関係に関する疫学的調査の結果（Doll ら）
ガンの発症原因を追究していくと、たばこと同様に、食べ物が密接にかかわっていることが認められた。

切りを越えわれわれ日本人にとっても共通の警鐘と取るべきことです。

日本でも消化器ガンは食生活習慣の反映であることは、つとに知られたことです。たとえば、胃ガンは胃内でのニトロソアミンの生成が原因とされています。ニトロソアミンは魚や肉に含まれている二級アミンと野菜、漬物などに含まれている亜硝酸が酸性の状態で容易に反応してできる強い発ガン物質です。タバコを吸うと、タバコの煙中に含まれる青酸が肝臓で吸収され、チオシアネートという物質になって唾液中に分泌されます。チオシアネートはニトロソアミンの合成を促進します。また、タバコの煙中には多くの発ガン物質が含まれていますので、唾液に溶け込んで胃に入ることも十分考えられます。図4―3は喫煙と食道ガンの発生頻度の関係を示したものです。

食塩も発ガンの促進因子としての作用があることもよく知られた事実です。食塩は胃壁表面のぬめりを剥がす性質をも

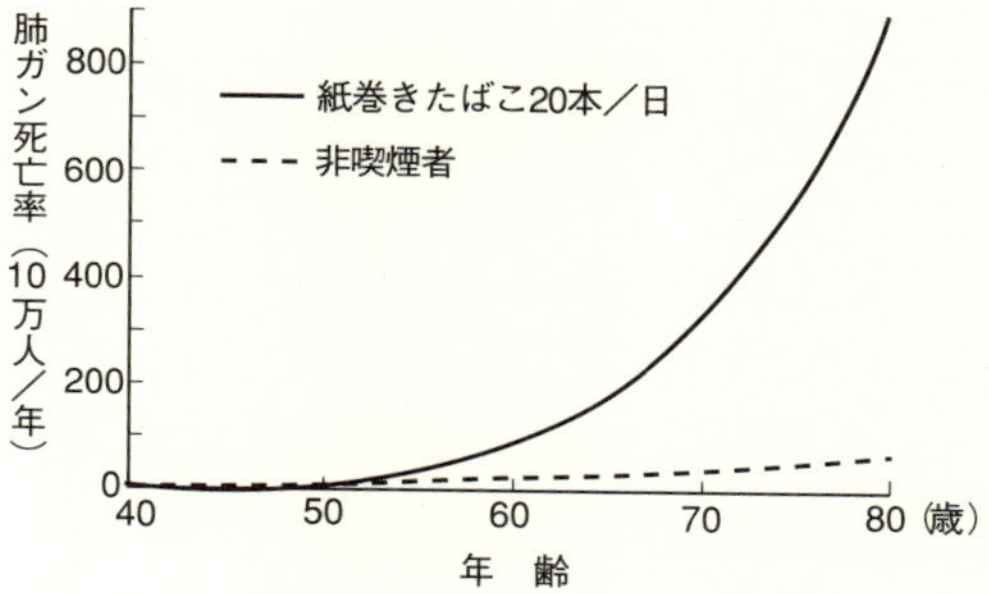

図4-3　非喫煙者と喫煙者の肺ガン死亡率（渡辺）

非喫煙者と喫煙者の肺ガン死亡率を、各年齢ごとに比較してみると、喫煙が肺ガンの発症と深くかかわっていることが認められる。

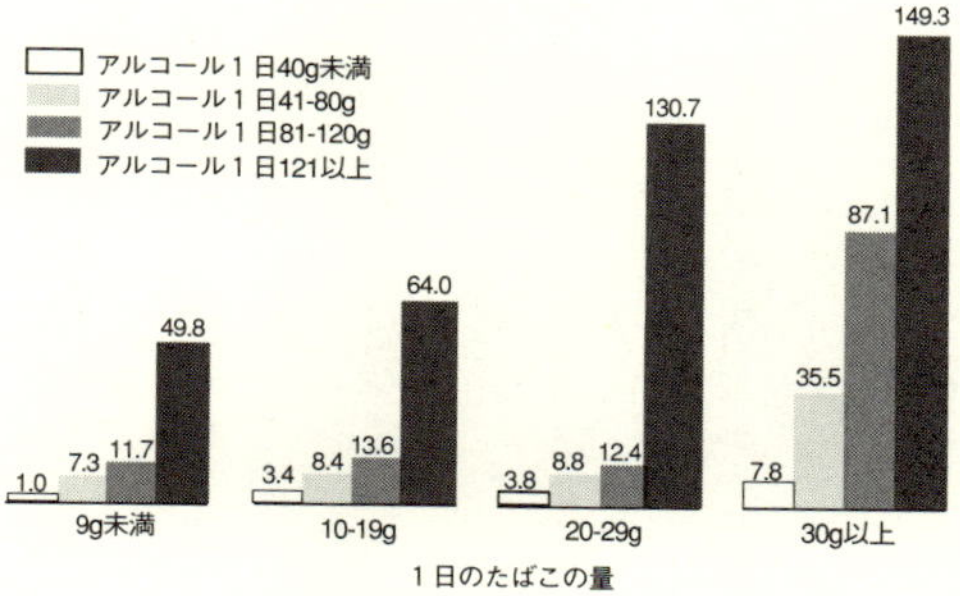

図4-4　たばことアルコールの
食道ガン発生に及ぼす相乗作用（Doll & Peto）

喫煙量とアルコールの量が増えるにつれて、食道ガンの発生は増加していくことがわかる。

っています。剥がれ落ちた部分に胃で生成したニトロソアミンなどの発ガン物質が触れることによりガンが惹起されるわけです。食塩の多摂取は発ガンの上からもきわめて危険です。また、過度の脂肪摂取が乳ガンや大腸ガンの発生と密接な関係があることもわかっています。長期間にわたる過度の脂肪摂取は肥満の上からも注意を払わなければなりませんが、脂肪を摂取すると胆汁酸の分泌を促して、発ガン促進因子である腸管内で二次胆汁酸に変わります。口腔ガンや食道ガンとアルコール飲用の関係も疫学的に明らかにされています。

酒を多飲しながらタバコを吸い、脂っこいものを食べながら塩辛い漬物を食べる生活を長年続けることが消化器ガンの発生を促していることにもなりかねません。結論として、ここに記したことはごく一部の例にすぎませんが、食生活と発ガンは密接な関係があるということです。図4―4には喫煙と飲酒の食道ガン発症におよぼす相乗作用を示しました。喫煙者がアルコールを常飲している場合、アルコールを常飲していない人に比べて食道ガンの発症率が高く、かつ喫煙数が多い者ほど発症率が高いことが認められます。

ガンはどのようにして起こるか

私たちの生活の場を取り巻く環境には数多くの化学物質が存在し、それらの中には人体に悪影響を与える有害物質も決して少なくありません。ガンは日本人の死因のトップで、男女とも死因の約三〇％を占めています。

——突然変異とガン

身体が正常状態ならば、生体では複製時の塩基対やＤＮＡポリメラーゼの複製機能が作動して、遺伝子は正しく子孫に伝えられるようになっています。しかし、生体内のＤＮＡは常にさまざまな要因によって障害を受ける標的にもなっています。放射線、ウイルス、それに化学物質がその要因の代表的なもので、それらによってたまたまＤＮＡが障害を受けると、ＤＮＡはただちにその部分の修復に入ります。通常の場合はもとの細胞とまったく変わることのない状態に修復してしまいますが、なんらかの原因でもとの状態に直しきれずに、間違った方向で直してしまう場合が起こったりします。このことを生物学的には突然変異と呼んでいます。突然変異細胞の恐ろしさは、この突然変異細胞からガン細胞が誕生することです。

五〇兆個とも六〇兆個ともいわれる私たちの身体の総細胞は次の三つに分けられます。①絶えず分裂、死滅を繰り返している細胞、②胎児のときは分裂してもある年齢以上では二度と分裂しない分裂終了細胞、それに③必要があれば分裂再生を開始する中間細胞です。分裂細胞として皮膚の基底細胞、胃、腸および肺などの上皮細胞、血液幹細胞、心筋細胞が、そして中間細胞として肝臓、骨、筋肉などの細胞があげられます。したがって、ガンは絶えず分裂増殖を繰り返している点で、皮膚、胃、腸、肺、血液などの細胞でもっとも起こりやすく、また、皮膚、胃、腸、肺などは空気や食物などの環境因子に接していることから、発ガン物質の影響をもっとも受けやすい状態にあります。

――ガン発生のプロセス

通常、環境因子によって爆露された細胞がガン化し、発症にいたるまでにはかなり長い期間を要することも事実で、肺ガンのように発症までの期間が不明なものもありますが、通常は二〇年間を有することが多いのです。図4―5に示したように、重さ一〇億分の一g（一ng《ナノグラム》）のガン細胞が一gになるまでには三〇回の分裂世代を必要としますが、一gから一kgになるには一〇世代で十分ということになり、一gを超える頃でガンの病状が出てくることになります。つまり、ガンは分裂世代にして全体の四分の三に当たる期間が潜伏期間となり、残り四分の一に当たる期間でその姿を現すことになります。

ガン発生のプロセスは初期ガン発生、転写そして増殖期の三段階からなっています。イニシエーションは化学物質によるDNAの修飾をいい、その物質をイニシエーターと呼んでいます。修飾されたDNAが異常細胞として成長するプロセスをプロモーションといい、そのプロセスを促進させる物質をプロモーター（促進因子）と呼んでいます。プロトン油、ホルボールエステル、食塩などはよく知られた発ガンプロモーターです。異常細胞がその後ガン細胞になって増殖していくまでのプロセスをプログレッションといいます。

ガンの成因は、正常細胞が変異した特定のガン細胞クローン集団から成っていることから、ガン細胞の誕生はイニシエーターによる体細胞の突然変異が原因であることには論を待ちませんが、細胞の突然変異がガン細胞クローン集団になるかどうかは、プロモーターいかんにかかっていることも事実です。事実、

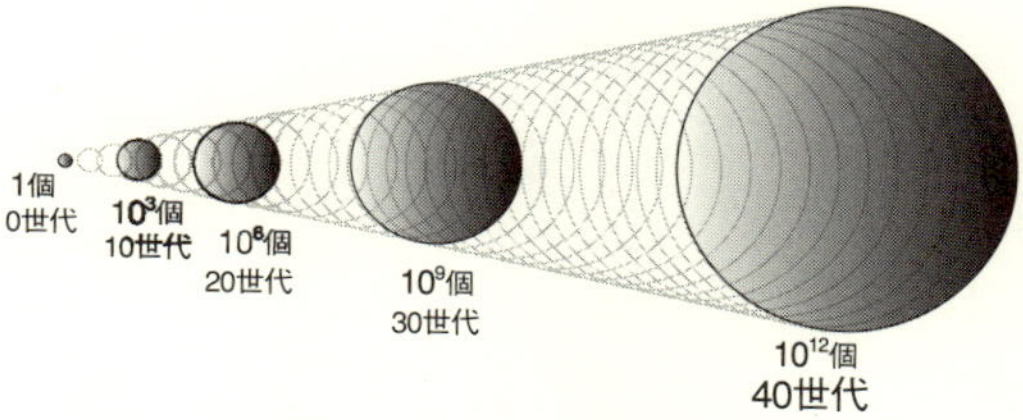

図4-5　変異細胞からガン細胞にいたる細胞世代数
10億分の1gのガン細胞は30回の分裂を繰り返して1gまでになり、その後は急速に増殖して10回の分裂で1kgまでに増加する。

私たちの身体では一日に数万個の細胞がなんらかの原因で突然変異を起こしているといわれていますが、それらがすぐにガン細胞になるものではなく、正しく修復されたり、または適切に淘汰される仕組みになっています。身体の免疫機能が低下しているとき、浄化能力を超える変異原性物質や、発ガン物質、さらにはウイルスや紫外線などに細胞が被爆し、運悪く発ガンプロモーターと出会うとき、最悪の瞬間が待ち受けているということになります。

ヨーグルトのすぐれた抗変異原性

――変異原物質に敏感な微生物

食品（およびその成分）中には細胞になんらかの突然変異を起こさせる性質をもったもの（変異原性物質）や、逆に変異原性物質に対してその細胞毒性を減弱させる性質をもったもの（抗変異原性物質）が多々見出されています。とりわけ、食品や食材における抗変異原性の有無の検索は機能性食品の発掘の観点から興味ある課題です。抗変異原性には二つの発現の仕方が知られています。その一つは変異原性物質に直接作用し、その変異原性を消滅させたり、不活化させるもので、変異原不活化機構といわれるものです。もう一つは細胞に作用して細胞の突然変異誘発を著しく低下させるもので、抗突然変異原機構といわれるものです。

今から二〇年以上も前にさかのぼりますが、筆者らは世界各地に伝わるさまざまな発酵乳より分離した乳酸菌が、変異原性物質や発ガン物質に対しどのくらい減弱化作用をもっているかを調べる研究を始めました。しかし、その当時は、このことについて世界中で誰も取り組んだことのない実験でしたので、どのような方法で調べたらよいかは一大問題でした。

任意の化学物質が変異原性をもっているか否かを調べる方法にはいろいろありますが、微生物の変異を指標にするのが非常に便利であり、かつ経済的な方法であることはよく知られています。微生物に確かめたい化学物質を人為的に触れさせてみて、もしその物質に触れた微生物がなんらかの突然変異を起こしたとしたら、その物質には変異を惹起させる性質（遺伝毒性）があると判断するものです。その目的で当時から世界的に広く用いられていた微生物（細菌）がエーミス（Ames）株と呼ばれるネズミチフス菌（*Salmonella typhimurium*）です。

エーミス株はカリフォルニア大学のエーミス教授（B. N. Ames）によって見出された細菌であり、さまざまなタイプの株がありますが、TA100株とTA98株が当時もっとも広く用いられていました。TA98とTA100の二株は、変異するとヒスチジン要求性（his+）から非要求性（his -）に栄養要求が変わります。このことから、ヒスチジンを含まない培地でコロニー形成の有無から検定試料が変異原性を有しているか否かを肉眼的に判定することができる便利さをもっています。また、この方法はバクテリアを用いた検出法であるため、10^8～10^9個に一個といった低頻度で起こる変異株を容易に識別できる点でもすぐれています。これら二株は変異原性物質に対し非常に高い感受性を有しているのが特徴です。

——ストレプトマイシンに注目せよ

しかし、ＴＡ１００とＴＡ９８は、ともにヒスチジン要求性からヒスチジン非要求性への転換を判断の目安にしていることから、ヒスチジンを含む牛乳や乳製品の入った試料に対しては操作が煩雑になる欠点をもっています。そこで、この欠点を改善するために、筆者らはエームス株からストレプトマイシン依存性の株を作出することにしました。実験は難航しましたが、二年の月日を費やしてＴＡ９８からストレプトマイシン依存性株（ＳＤ５１０）を得るのに成功したのです。このＳＤ５１０株が作出できたことによって、単にこの株が変異原性を調べる目的に利用できるだけではなく、ヒスチジンを多く含んでいるヨーグルトが発ガン物質や変異原性物質の毒性をどのくらい消失させる力をもっているかといった試験にも容易に応用できることになりました。

作出したストレプトマイシン依存性株（ＳＤ５１０株）を用いて、筆者らの研究グループはヨーグルトについていろいろな変異原性物質や発ガン物質に対する減弱化の有無を調べてみました。その結果、ヨーグルトがさまざまな変異原性物質や発ガン物質に対し不活化作用の点で際立ってすぐれていることがわかってきました。具体的には、さまざまな乳酸菌やビフィズス菌を単独に用いて調製したヨーグルトが、各種アミノ酸加熱分解物、各種スパイスエキス、Ｎ—ニトロソ化合物、アフラトキシンなどに対し、抗変異原性のあることがわかってきました。図４—６はインドネシアのスマトラに伝わる発酵乳であるダディヒから分離した乳酸菌を用いて、一つ一つの株ごとにヨーグ

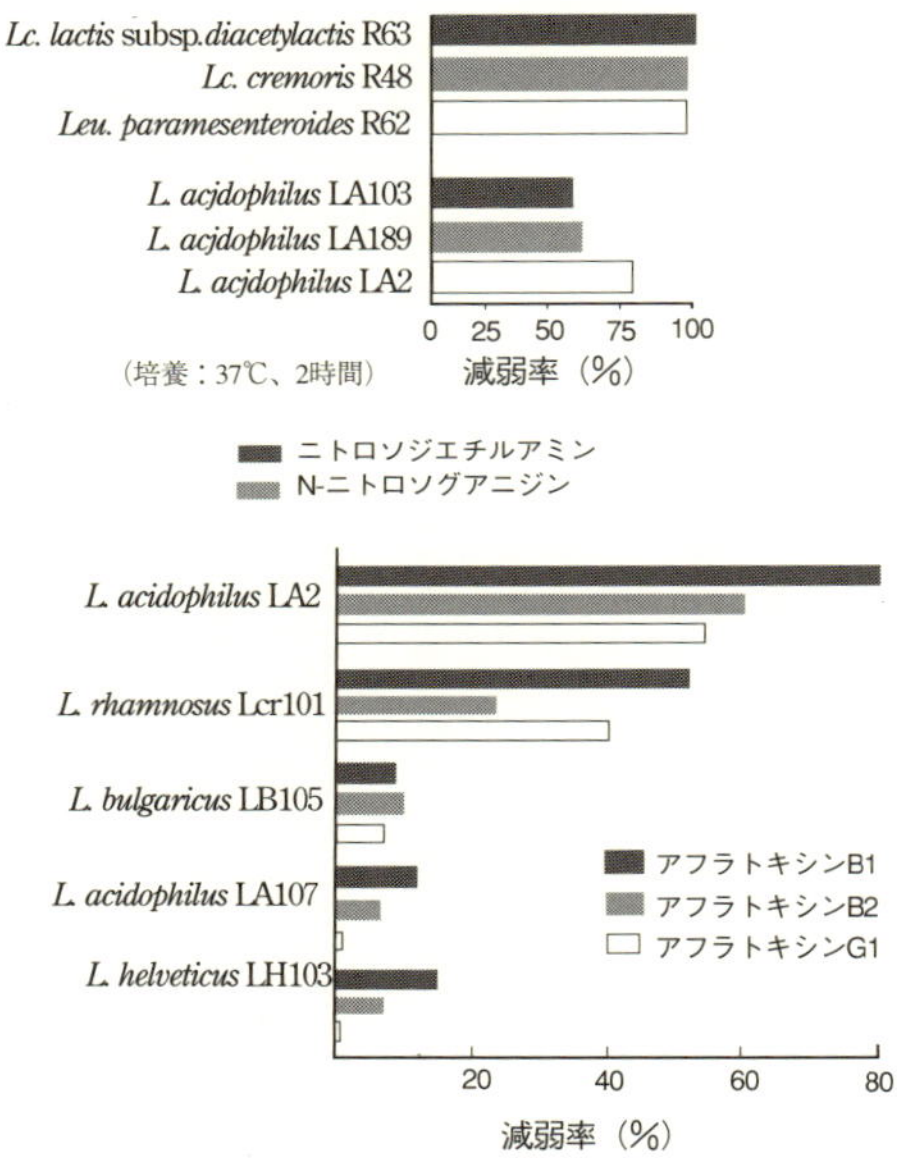

図4-6　種々の発ガン物質に対する
ダディヒ由来乳酸菌の抗変異原性（細野）

この実験から、ダディヒの乳酸菌が、発ガン物質ニトロソジエチルアミンやN-ニトロソグアニジン、アフラトキシンの変異原性を弱めていることが認められる。

ルトをつくり、それぞれが発ガン性をもつN—ニトロソ化合物やアフラトキシンの変異原性をきわめて高い率で減弱していることを示しています。多くの試行錯誤、実験の追試を繰り返した結果、程度の差はありますが、かなりの乳酸菌やビフィズス菌が抗変異原性をもっていることも逐次わかってきました。

死んだ乳酸菌も役に立つ

――有害物質に対する乳酸菌の奇妙な作用

ヨーグルトが抗変異原性を有していることが実験的に明らかになってから、私たちはさまざまの乳酸菌やビフィズス菌がもつ抗変異原性について詳細な検討に入ることになりました。その過程で、乳酸菌やビフィズス菌の菌体がさまざまの変異原性物質や発ガン性物質を結合させるという、今まで考えたことも、聞いたこともなかった事実に偶然に出会うことになりました。一人の学生の発見でした。その学生はアミノ酸加熱分解物であるTrp―P1、Trp―P2、Glu―P1をそれぞれ溶かした水溶液にストレプトコッカス・フェカーリスＩＦＯ１２９６５菌体を少量加え、ただちに遠心分離をして上澄液を得、その上澄液中のTrp―P1、Trp―P2それにGlu―P1の量を測定したのですが、図４―７に示したような驚くべき結果が得られたのでした。つまり、乳酸菌の菌体を加えることによって瞬時にもとのTrp―P1、Trp―P2、Glu―P1のピークが消失することが認められたのです。このことは、乳酸菌の菌体がTrp―P1、Trp―P2、Glu―P1を非常に短時間のうちにくっつけてしまうことを意味するものでした。そこでさまざまの変異原性物質や発ガン物質に対しても同じ現象が起こるか、また他の乳酸菌やビフィズス菌についても普遍的に同じことが起こるかについて詳細に検討してみました。

まず、筆者らは二八株のラクトバチルス・ギャセリと二株のビフィドバクテリウム・ロングムのアミノ酸加熱分解物に対する抗変異原性について調べました。その結果、二株のビフィズス菌もラクトバチルス・ギャセリに匹敵して高い抗変異原性を有していることが判明しました。さらに、ラクトバチルス・ギャセリＳＢＴ１０２９３菌体にTrp—P1、Trp—P2、Glu—P1、ＩＱ、MelＱを複合的に組み合わせて結合試験をおこなうと、Trp—P1と他のアミノ酸加熱分解物とを組み合わせた場合にもっとも高い結合が起こることが確認されました。

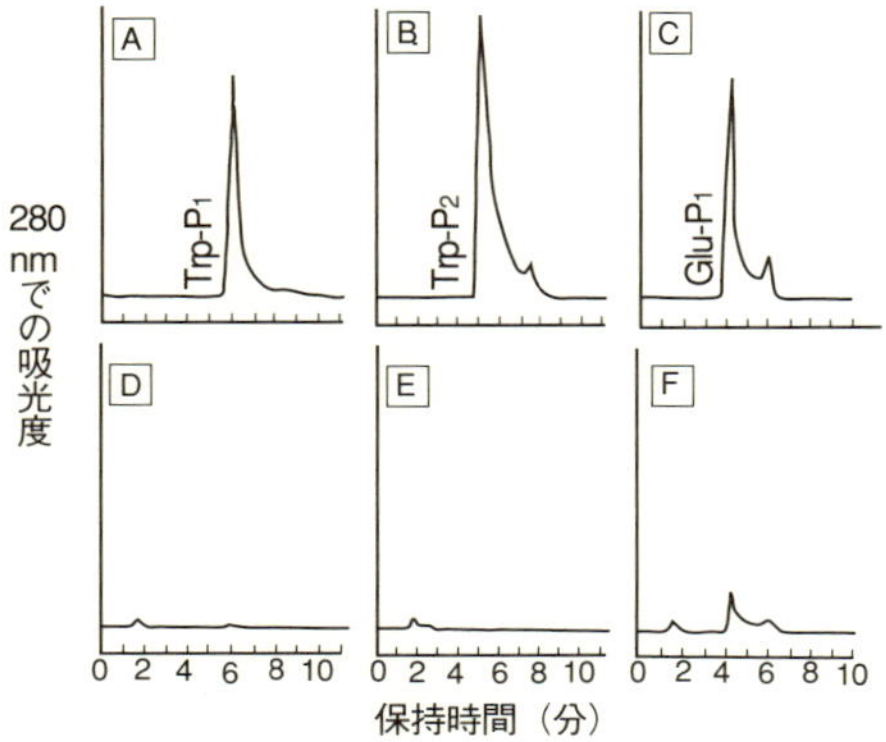

図4-7　ラクトコッカス・ラクティス subsp. ラクティス（*Lactococcus lactis* subsp. *lactis*）菌体によるTrp-P1の結合

A、B、Cは、３種類のアミノ酸加熱分解物を溶かした水溶液の吸光度を、D、E、Fはそれぞれに乳酸菌の菌体を加えたときの経過で、ピークが瞬時に消失していることから、菌体とアミノ酸加熱分解物が結合したためと考えられる。

その他の実験結果も踏まえ、普遍化していえる事実は次の四点にまとめることができます。①多くの細菌の細胞壁が変異原性物質（発ガン性物質も含む）と結合する性質をもっているが、とりわけ乳酸菌やビフィズス菌の細胞壁にこの性質が顕著に見出され、かつ結合能も他種の細菌に比べて高い。②細胞壁画分のうち、ペプチドグリカンにその性質が見られる。③乳酸菌、ビフィズス菌の死菌体でもその能力を有しており、生菌と死菌との間の結合能に有意な差が認められない。④結合は瞬間的に起こり、かつ安定な結合を保つ、などです。

——有害物質との結合の意味

腸管内での乳酸菌やビフィズス菌の役割について再考してみると、乳酸菌やビフィズス菌の菌体がアミノ酸加熱分解物、N—ニトロソ化合物それにアフラトキシンといった変異原性物質や発ガン物質を容易に結合するという現象は、一つの大きな意味合いを示唆するものです。つまり、乳酸菌やビフィズス菌が腸管内で多種多様の変異原性物質や発ガン物質の毒性を消滅もしくは軽減させる機構として前述した抗突然変異原機構があげられますが、さらにここで述べたように、有害物質と結合してそのまま便として体外に排泄し、結果的に腸の浄化に貢献していることが考えられます。

腸管の中で乳酸菌やビフィズス菌がすぐれた保健効果を発揮してくれるためには、これらの細菌が生きていることが前提であるとする見方は当然正しく、それらが生きているに越したことはないのですが、乳酸菌やビフィズス菌は死んでしまうとなんの役にも立たないかというと、決してそうではないことをこの奇妙な現象が教えているのです。

乳酸菌やビフィズス菌の抗腫瘍活性

——腫瘍の増殖をおさえる

乳酸菌の腫瘍抑制作用に関しては多くの研究報告がなされています。たとえば、ビフィズス菌の一種であるビフィドバクテリウム・インファンティスの細胞壁ペプチドグリカンをマウスに対して静脈注射すると、腫瘍細胞の増殖が著しく抑制されることや、人為的に肝臓腫瘍を惹き起こさせたマウスに、ビフィズス菌（ビフィドバクテリウム・ロングム）や乳酸菌（ラクトバチルス・アシドフィラス）を投与すると、その腫瘍の増殖が抑制されることが明らかにされています。また、ブルガリカス菌の細胞成分が腫瘍細胞であるSarcoma S-180の増殖を抑制することや、ビフィズス菌（ビフィドバクテリウム・インファンティス、ビフィダム、アニマリス）や乳酸菌（ラクトバチルス・アシドフィラスならびにラクトバチルス・パラカゼイ）を用いたヨーグルトを食べることによって乳ガンの進行が阻止されたとする報告もあります。さらに、ヤクルト中央研究所の研究陣によるシロタ株（ラクトバチルス・カゼイＬＣ９０１８）の抗腫瘍作用に関する一連の研究は、この株の抗腫瘍効果を証明している点で、特記すべき研究成果として注目されるものです。この株は腫瘍細胞やウイルス感染細胞に対し攻撃性をもつナチュラルキラー細胞を活性化させたり、正常細胞に傷害を与えるフリーラジカル（遊離基）の生成を抑制させたり、また抗原に対する免疫応答を増強させる作用（アジュバンド効果）を発揮します。さらに、特異抗体産生の増強、ガンの転移抑制、T細胞増殖刺激、細胞毒性の減弱、サイトカイン（免疫をつかさどる種々の細胞の恒常性に寄与する糖タンパク質）産生の増大など多面的な機能を有し、すぐれた抗腫瘍活性を発現させています。

——ヨーグルトと直腸ガン

一方、乳酸菌を用いてつくるヨーグルトを常食している地域には直腸ガンが少ないとする疫学的調査報告があり、ガン予防のための国際機関でも直腸ガンの予防のために発酵乳を食べることが推奨されているほどです。フィンランド人やアイスランド人に直腸ガンが少ないのは、この地域の人々が乳製品を多く消費するからであると、ある疫学的研究が指摘しています。ヴィリは莢膜性《きょうまくせい》乳酸菌（ラクチス菌やクレモリス菌）を用いてつくられる粘着性の酸乳で、スカンジナビア地方に伝わる乳製品ですが、この酸乳の粘着性物質には抗変異原性があり、腫瘍細胞であるSarcoma S-180を植えつけたマウスにそれを与えると、腫瘍の増殖が著しく抑えられることを東北大学の北澤春樹助教授らが明らかにしています。また、ＧＧ菌の発見者で名高いゴルディン博士とゴルバック博士

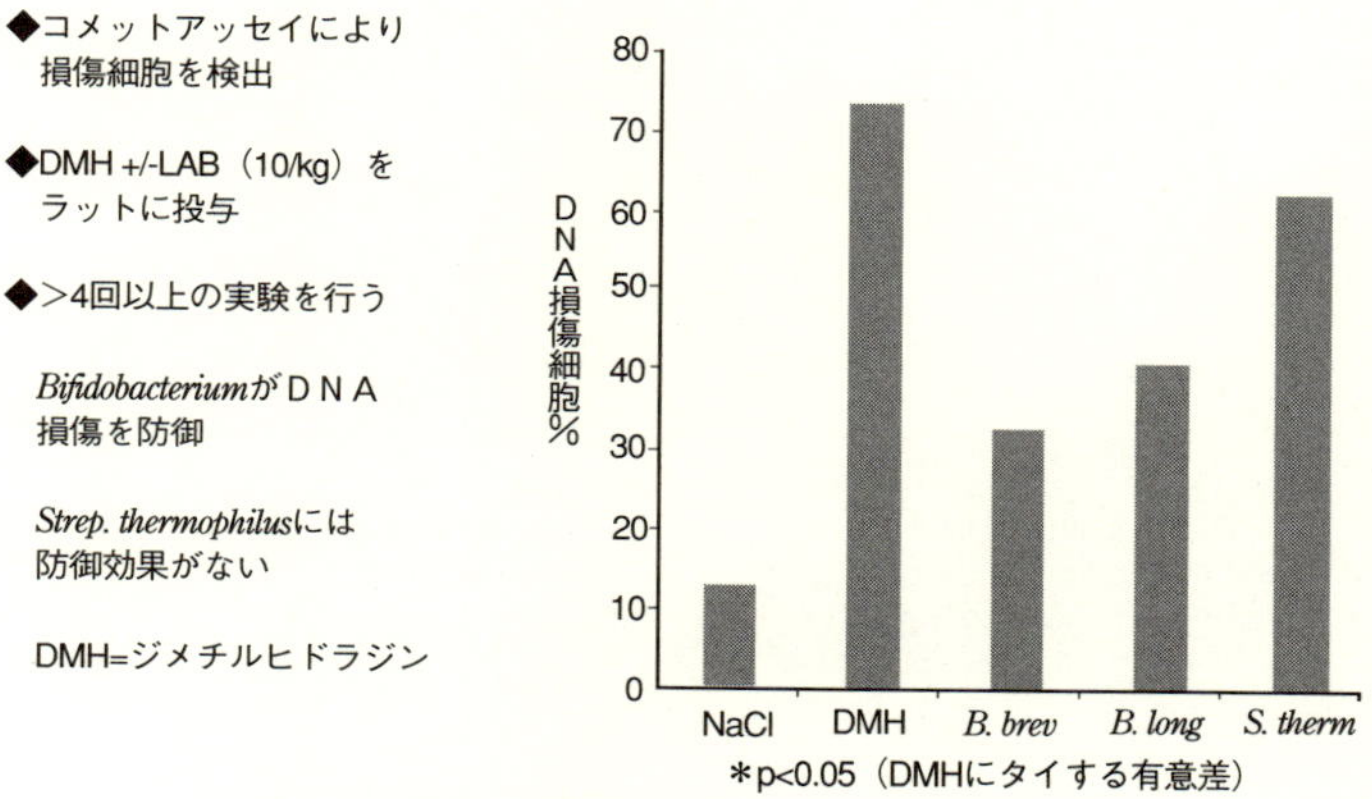

図4-8　乳酸菌による直腸ＤＮＡ損傷予防効果

NaClのみとDMHのみを与えたラットと、DMHと乳酸菌あるいはビフィズス菌を同時に与えたラットでのDNAの損傷が起こった細胞の割合を比較した。この実験から、ビフィズス菌がDNAの損傷を抑えることが認められた。

はラットにディメチルヒドラジン（ＤＭＨ）を注射し続けながら、ヨーグルトを与えると、ＤＭＨの注射を受けていないラット（コントロール）に比べて、直腸ガンの発症が極度に抑えられることを明らかにしています。また、ラクトバチルス・アシドフィラスを投与することによりＤＭＨによる直腸ガンの発症が抑制されることを報告し、アシドフィラス菌がガンの増殖を抑制することを明らかにしています。プール-ゾベットらもラットを用いて同様な実験をおこない、ビフィズス菌（ビフィドバクテリウム・ブレーベ、ビフィドバクテリウム・ロングム）の投与により、ＤＭＨによる直腸ＤＮＡの損傷が抑えられることを認めました（図４―８）。

また、アメリカのアエボらは乳酸菌（ラク

トバチルス・アシドフィラス）を入れたミルクを六五歳のボランテイアに一日三カップ（2×10^6/ml）ずつ四日間にわたり与え、便中の発ガン物質の生成に関与するβ—グルコニダーゼの活性を測定しました。その結果、投与四日目で便中のこの酵素の活性は下降し、またアシドフィラス菌の菌数が増加することを認めました。また、ラクトバチルスGG菌を摂取することにより、老人の便中の有害物質の生成に関与するさまざまな酵素活性を低下させることも報告されています。エールリッヒ腫瘍細胞を植えつけられたスイスマウスにヨーグルトを七日間にわたって与えると、三五匹のマウスのうち二三匹のマウスに腫瘍細胞のDNA含量の減少が観察されたことが報告されています。

俗説食品学の誤り

――心いたむフードファディズム

　最近の傾向として、食品やその成分に対して十分な科学的検証や考察を怠り、短絡的に身体に「善い」、「悪い」といった決めつけ方をする風潮が多くなったような気がします。「善い」とする場合の行きすぎは、たとえば、一回の所要量をはるかに超える量を動物やヒトに摂取させて効果ありの結論を無理矢理引き出したり、また、たとえば、ある病気に関与する酵素の抑制因子を食品の中に見出し、加工・調理の過程や、消化管での変化を無視して、その食品を食べるとその病気にかからないと主張する類のものです。

　また、「悪い」とする場合の行きすぎは、非現実的な食餌実験から得られたマイナス面の結果や食品成分に含まれる微量な有害成分を過大に解釈し、消費者に対して、いたずらに不安を扇る場合です。いずれも極端かつ誇大に研究結果を評価するもので、「フードファディズム（Food Faddism）」と呼ばれるものです。牛乳や乳製品に関しても健康上の害をもたらす俗説（有害論）が存在することは遺憾です。

牛乳が庶民の口に入るようになった明治の初めに《牛乳を飲むとツノが生える》、《美容強精の妙薬、死ぬ筈の生命も助かる長寿の仙薬》といった川柳が流行したそうです。まさか、このようなことを今日の日本では誰一人信じないことと思います。フードファディズムはいつの時代にも存在するものでしょうが、一見科学的に組み立てられたいい方ですが、実はその時代における大衆の科学認識のレベルをうまく操った似非科学論でもあるのです。ここで牛乳に関するいくつかの俗説をあげてみたいと思います。

●高温殺菌乳はタンパク質が変性しており、栄養がない。それに比べて、低温殺菌乳は安全だ

「変性」という概念がまずもって曖昧ですし、「変性すると栄養がなくなる」とすることも曖昧さの上に短絡な結論の導き方です。牛乳にかぎらず、加熱をすると自然な状態ではなくなります。その意味では確かに変性しているといえます。たとえば、タンパク質は、殺菌温度以上の加熱条件下では微視的には変性しています。現在、牛乳の殺菌は、風味や色調の劣化、化学的成分組成および栄養学的性質の変化をできるだけ抑え、病原性微生物の死滅と、牛乳の品質に欠陥を生じさせる微生物や酵素を不活化させて保存性の向上を図る目的で、低温保持殺菌、高温短時間殺菌、超高温短時間殺菌などがおこなわれています。現在のところ上記の殺菌法には加工特性まで考慮

すると一長一短がありますが、たとえば、ヒトにとって必須アミノ酸の一種であるリジンの損失率で見た場合、低温長時間殺菌で一〜二%、超高温短時間殺菌で二〜三%程度ですので、栄養的に問題がないとみてよいと思います。殺菌効率は殺菌温度と時間の関係で決まり、殺菌温度が高くなれば殺菌時間は短く、温度が低ければ時間が長くなります。

●牛乳を飲むと太る

牛乳には脂肪が三・五%、タンパク質が二・八%、ラクトースが四・五%も含まれており、一〇〇mlで一一〇キロカロリーあります。しかし、常飲すると太るとみてしまうのは、少しおかしな栄養認識です。確かに肥満は摂取カロリーの過剰が原因で起こりますので、一日に必要な摂取カロリー以上にカロリーを取らないことが肥満防止の上で重要な留意点です。魔術的な肥満効果が牛乳にあるのではないのです。自らの運動不足まで牛乳のせいにしないことです。

●牛乳は酸性食品だから血液を酸性にしてしまう

もともとミネラル組成から食品を区分する酸性食品・アルカリ食品自体を取りざたすることに意味はありませんし、牛乳を飲んで血液が酸性になったとする科学論文はいまだ見たことがありません。

●味が薄く感じる牛乳には水が入っている

殺菌法の違いが風味に影響を及ぼす場合がありますが、故意で入れないかぎり、絶対にあり得ないことです。

●日持ちのいい牛乳には何かが入っている

絶対にあり得ないバカげた話です。日持ちのよさは、原料乳が清潔であることに加え、悪害微生物を生残させない熱殺菌処理がなされた結果です。

乳酸菌と血糖値

——糖尿病大国への恐れ

糖尿病は中年以降の年齢層の人たちに多発する疾病で、若い人には関係のない疾病であると捉《とら》えられがちですが、若年層でも起こり、油断大敵な疾患です。日本人で糖尿病に罹患している人の数は推定で一四〇〇万人もいるとされていますが、実際治療を受けている人は、わずか二五〇万人程度です。現在、罹患者数が増加の傾向にあり、国民の健康を脅かす疾患としてきわめて深刻な問題になっています。

私たちはグルコースをエネルギー源として生命を維持しています。口から入ったグルコースは血糖となりエネルギー源として活動に利用されるわけですが、そのためにはすい臓にあるランゲルハンス島の中のβ細胞から分泌されるインスリンというホルモンの助けが必要です。糖尿病は、このインスリンが必要量分泌されなかったり、分泌されてもホルモンとしての活性が弱かったりして、インスリン不足の状態が慢性的に続き、そのために血糖がエネルギーに転換されず、血液中のグルコース濃度が高まり高血糖状態に陥ります。血糖量が正常ですと、腎臓で尿がつくられるときに、グルコースが腎臓で再吸収されて尿中に排泄されないのですが、高血糖状態ですと、再吸収されず余分のグルコースが尿中に排泄され、いわゆる糖尿病と診断される症状を呈するようになります。

軽症のうちは、ほとんど自覚症状がないために食生活を改めて病気を改善させることがなかなかできないのがこの病気の特徴であり、気づかないうちに悪化させてしまうケースも多々あります。病状が進行すると、尿が多く出たり、のどが渇き飲料をたくさん飲みたくなり、だるさを感じ、かつ痩せてくるなどの症状が顕在化してきます。糖尿病が怖いといわれるのは合併症を惹き起こすことにあります。糖尿病を長く患っていると、毛細血管に糖尿病特有の変化が出始め、目の網膜が冒されて失明したり、血液を濾過して原尿をつくり出す腎臓の糸球体が冒されて、尿成分が体内に蓄積される尿毒症を惹き起こします。また、神経系もおかしくなり、手足のしびれを初め、全身的な神経症状が出てきます。さらに、太い血管にも糖尿病特有の変化が生じ、動脈硬化症、狭心症、心筋梗塞、脳梗塞、下肢壊疽などの深刻な症状が出てきます。

糖尿病の種類にはⅠ型糖尿病、Ⅱ型糖尿病、Ⅲ型糖尿病の三つのタイプがあります。Ⅰ型糖尿病は遺伝や生活習慣に関係なくインスリンの分泌に支障がある場合で、インスリン依存型糖尿病ともいわれています。糖尿病患者の二~三%がこのタイプです。Ⅱ型糖尿病は、糖尿病患者の八〇%以上がこのタイプであり、遺伝的な要素に、ストレスや肥満、運動不足などの生活習慣の要素が加わ

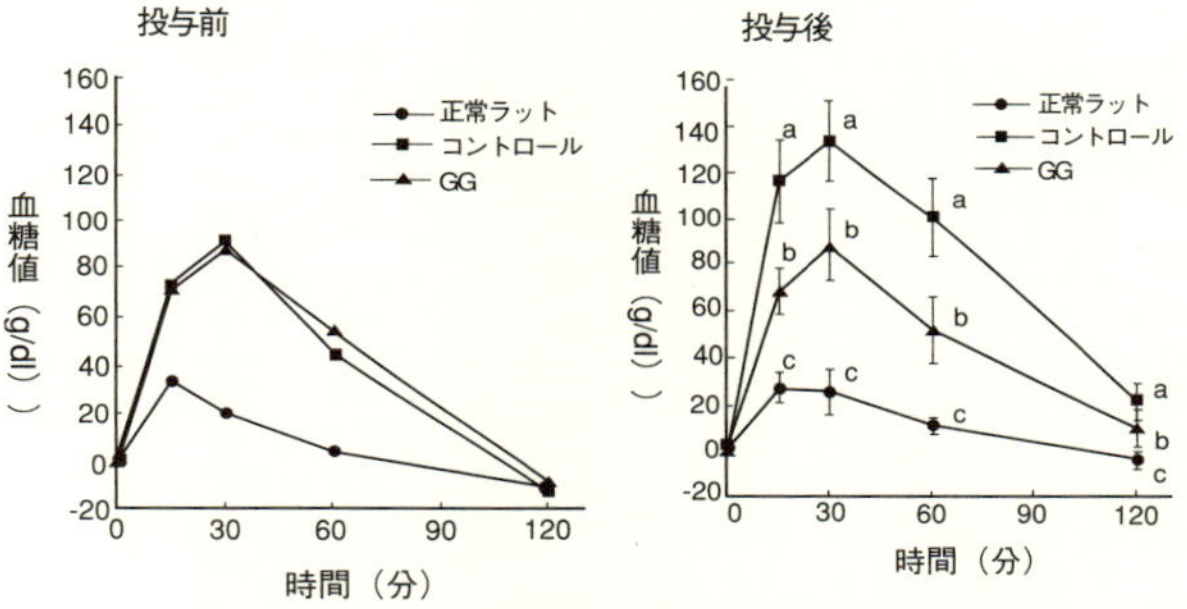

図4-9　ラットへのGG株投与による血糖値の変化
(a, b, c : $p < 0.05$)（田渕ら）
飼料投与後の血糖値の変化から、糖尿病ラットでは飼料とともに乳酸菌を与えることによって、血糖値の上昇が抑えられていることがわかる。

って進行する糖尿病です。インスリン非依存性型糖尿病ともいわれています。Ⅲ型糖尿病は、すい臓やホルモン分泌系の病気、さらには肝臓の疾患がもとで二次的に起こる糖尿病で、原因となっている病気が治癒すると治るタイプで、糖尿病全体の一七～一八％がこのタイプといわれています。

――糖尿病ラットに乳酸菌を与える実験

これら三つのタイプのうちもっとも発症率の高いⅡ型糖尿病は、食餌療法も可能であることから、高血糖を抑制させるための食物成分がいろいろ開発されています。米沢女子短期大学の田渕三保子博士らは、糖尿病罹患ラットに試験用飼料を経口投与した後の血糖値の変化に対するラクトバチルスGG（*Lactobacillus GG*）株投与の影響について調べ、図4―9に示す結果を得ました。前にも述べたように、ラクトバチルスGG株はゴルバック博士とゴルディン博士によって見出された乳酸菌（*Lactobacillus rhamnosus*）です。図4―9から明らかなように、ラクトバチルス・ラムノーサスを投与することにより、血糖値の上昇が抑制されているのが認められます。この株がヒトのⅡ型糖尿病に対しても血糖値抑制の上で有用であるかどうかは今後の課題ですが、乳酸菌の新たな機能として注目したいと思います。

糖尿病が進行すると、体内でグルコースがうまく燃えなくなってしまうばかりではなく、タンパク質や脂肪までが正常に利用されなくなってしまい、身体全体に予期せぬ合併症を起してしまいます。アメリカのテキサスＳＭＣ大学のカプラン博士が提唱した「死の四重奏（The Deadly Quartet）」は、糖尿病、高脂血症、高血圧、肥満の四つの日常的な症状は放っておくと死にいたるものとして警鐘を鳴らしています。当然、食生活の在り方も重要であり、日常的にヨーグルトの摂取にも十分留意したいものです。

ヨーグルトとダイエット

——食事療法と低栄養状態

糖尿病の食事療法は八〇キロカロリーを一単位にして、一日の摂取カロリーを二〇単位前後に留める方法がとられています。しかし、摂取カロリーだけに気をとられていると、栄養のバランスへの配慮が不十分になり、時としてタンパク質・エネルギー低栄養状態（Protein Energy Malnutrition：PEM）に陥る事態を惹き起こし、《角をためて牛を殺す》の譬えになりかねない事態も生じてきます。特に、高齢者、要介護、要支援の人に対しておこなった厚生労働省の老人保護事業推進等補助研究調査結果によると、血清アルブミン値（基準値は一dl当たり三・五〜五・二）と体重減少率でみた場合、施設入居者で約四割、在宅訪問を受ける人で約三割がタンパク質・エネルギー低栄養状態者であったことがわかっています。

近年、カロリーのみにとらわれないで、糖質に富む食品を摂取した後の血糖値の上昇速度で糖尿病に対する食餌療法を考える方法が急速に普及しつつあります。それはグリセミック・インデック

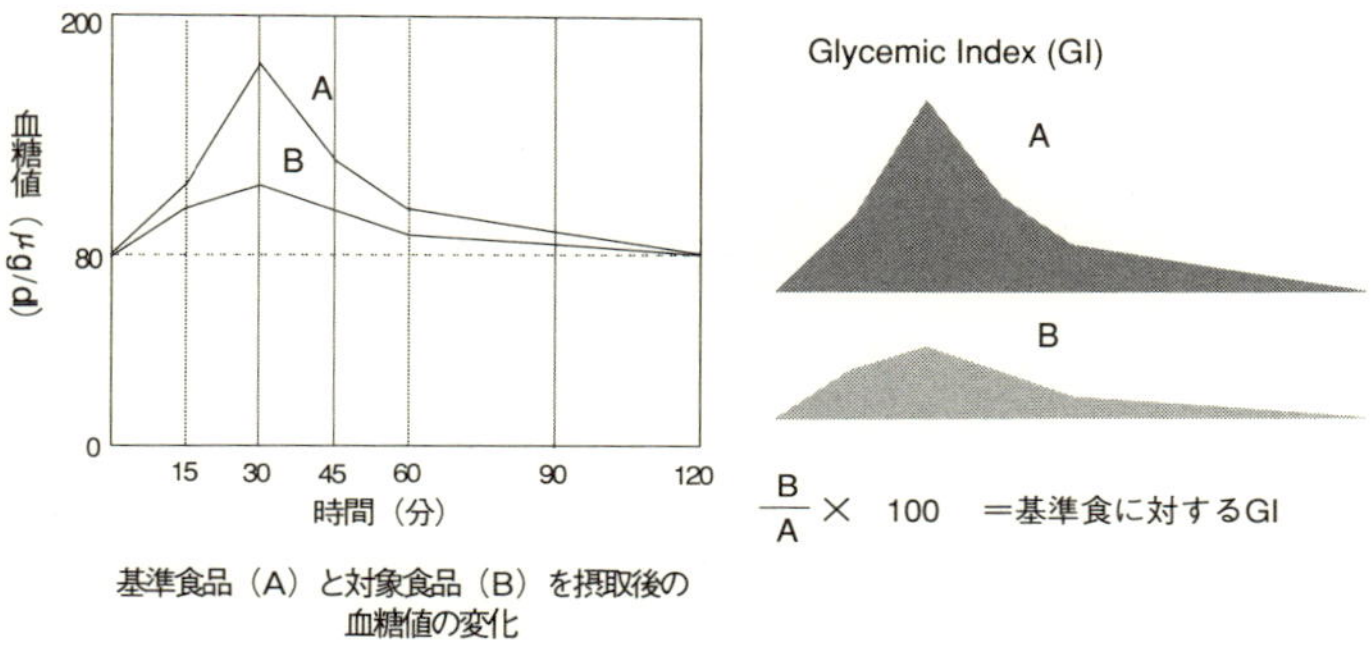

図4-9　グリセミックインデックス（Jenkins, D. J. 1982）
グリセミックインデックス（GI）指数は食後2時間が経過するまでの血糖値上昇曲線が描く面積と、基準食品のその面積との比率で表される。

ス（Glycemic Index = GI）と呼ばれる概念で、カナダのジェンキンス博士が一九八二年に提唱しました。グリセミック・インデックス（グリセミック指数、GI値）は本来、糖尿病患者が血糖値をコントロールするために開発されたものですが、ダイエットをしたい人に対してもこの概念はたいへん効果的です。炭水化物はすべて、消化の過程で砂糖に分解されますが、ゆっくりと消化される炭水化物は、インスリンの分泌が少なくてすむため、ダイエットに効果的であるというものです。

――食品により異なる血糖値の上がり方

消化性の糖質を摂取すると、血糖値は一時的に上昇しますが、やがてもとに戻ります。しかし、糖質として同じ量を摂取しても食品によって血糖値の上がり方や戻り方が異なることがジェンキンス博士ら

表4-2　おもな食品のグリセミック・インデックス

食品名	GI値	食品名	GI値
ブドウ糖（グルコース）	100	玄米ご飯	50
ベークド・ポテト	95	パン・コーンフレーク（製粉歩留85～90）	50
最高級パン（製粉歩留65～75）	95	グリーンピース（生）	50
マッシュ・ポテト	90	朝食用シリアル（コーンフレーク）	50
蜂蜜	90	ロールド・オート麦（圧麦）	40
ニンジン	85	生フルーツジュース	40
ポップコーン	85	ライ麦パン・コーンフレーク（85～90）	40
コーンフレーク	85	パスタ・コーンフレーク（やや玄い）	40
餅	80	うずら豆	40
砂糖（スクロール）	75	全粒粉パン（製粉歩留90～98）	35
フランスパン（製粉歩留75～78）	70	乳製品	35
朝食シリアル	70	いんげん豆（乾）	30
ボイルド・ポテト	70	レンズ豆（乾）	30
ビスケット	70	ガルバンソ（ひよこ豆、乾）	30
トウモロコシ	70	全粒粉パスタ（スパゲッティなど）	30
白米ご飯	70	フルーツ類（生）	30
灰色の田舎パン（製粉歩留78～85）	65	ママレード（ペクチン添加）	25
ビート（サトウダイコン）	65	果糖（フラクトース）	20
ブドウ	65	ダイズ（乾）	15
バナナ	60	緑黄色野菜、レモン	＜15
ジャム類	55	きのこ、海藻	＜15
マカロニ、スパゲッティなど	55		

によって見出され、カロリーの多寡のみで食餌療法を組み立てることはよくないのではないかとの指摘から、グリセミック指数（GI値）の概念が生まれたわけです。つまり、GIとは、グルコースを飲んで、二時間後までの血糖上昇曲線下面積（IAUC）（図4—9）を一〇〇とし、それと同じ量のグルコースを含む他の食品を摂取した後の二時間後までのIAUCとの比率がその食品のGI値です。おもな食品のGI値を表4—2に示しました。GI値が低いほどゆっくりと血糖値を上昇させるため、インスリンがエネルギーを燃やして脂肪に換える働きを抑えることができるのです。逆にGI値が高

表4-3　食事に牛乳・乳製品を加えた場合のグリセミック・インデックス（GI）

料理名	材料	炭水化物（g）	食品のGI	食事のGI
ご飯	精白米	55.6	100	70
アジの塩焼き	マアジ	0.1	—	—
味噌汁	ジャガイモ	7	107	9
	鰹節	0	—	—
	味噌	3.6	—	—
りんご	りんご	13.1	44	7
	合計			87
食事にヨーグルトを加えると				67

（杉山）

いとインスリンの分泌が間に合わず血管中に取り込まれた糖は中性脂肪となって蓄えられていきます。

低インスリンダイエットという言葉もよく耳にしますが、低インスリンダイエットとは血糖値の急激な上昇を抑える食事（食材）を摂取することによって、インスリンが糖質を脂肪に置き換えることを抑制し、逆に蓄えられている脂肪を燃えさせる「痩せのホルモン」であるグルカゴンの働きを活発にしてダイエットしようとするものです。お米を例にとってみましょう。白米のグリセミック指数の八八に比べ、玄米のグリセミック指数はたった五五にすぎません。そのため、白米を玄米に替えるだけで、低インシュリンダイエットを効果的に進めることができるのです。

――ヨーグルトのグリセミック指数

神奈川県立保健福祉大学の杉山みち子教授は米飯のGIを一〇〇として、米飯といくつかの食品を組み合わせ、GIにどのような変化が現れるかを詳細に調べております。検査食品は、米飯と酢のもの、牛乳・乳製品、大豆製品の組み合わせ食など一五品目、被験者は二〇～四〇歳代の男性二四名、女性四三名で実験をおこないました。表4—3に米飯を食べる前、もしくは後に一〇〇gのヨーグルトを摂取した場合のＧＩ値を示しました。この表から明らかなように、米飯のみを摂取した場合よりも明らかにＧＩ値が下がっているのが認められます。

牛乳・乳製品のＧＩ値をみると、牛乳が二七、脱脂乳が三二、ヨーグルトが二七と非常に低いことがわかります。臨床研究の結果からＧＩ値が七二以下の場合を低ＧＩ食といいますが、牛乳、脱脂乳はまさに低ＧＩ食といえます。

動脈硬化とコレステロール

わが国の疾病による死因の第一位はガン、第二位が脳卒中、そして第三位が心臓病です。最近では心臓病のうちで、狭心症や心筋梗塞といった虚血性心疾患が増えつつあります。虚血性心疾患は心臓に血液を供給する冠動脈の狭窄、閉塞により、血液が心臓の需要を下回るために発症する心疾患のことをいいます。虚血性心疾患の危険因子として加齢、男性、高脂血症、ストレス、高コレステロール血症、高血圧、運動不足、喫煙、糖尿病などがあげられますが、動物性脂肪をより多く摂取するようになったことも虚血性心疾患増加の一因になっているとする指摘もあります。動脈硬化症は血管にコレステロールが沈着し、壁が厚くなって弾力性がなくなり、血液が流れにくくなった状態をいい、冠動脈で起こると狭心症や心筋梗塞であり、脳で起こると脳梗塞となります。

――コレステロールは悪者か

これらの疾病と密接な関係をもっているのがコレステロールです。そのために、コレステロール

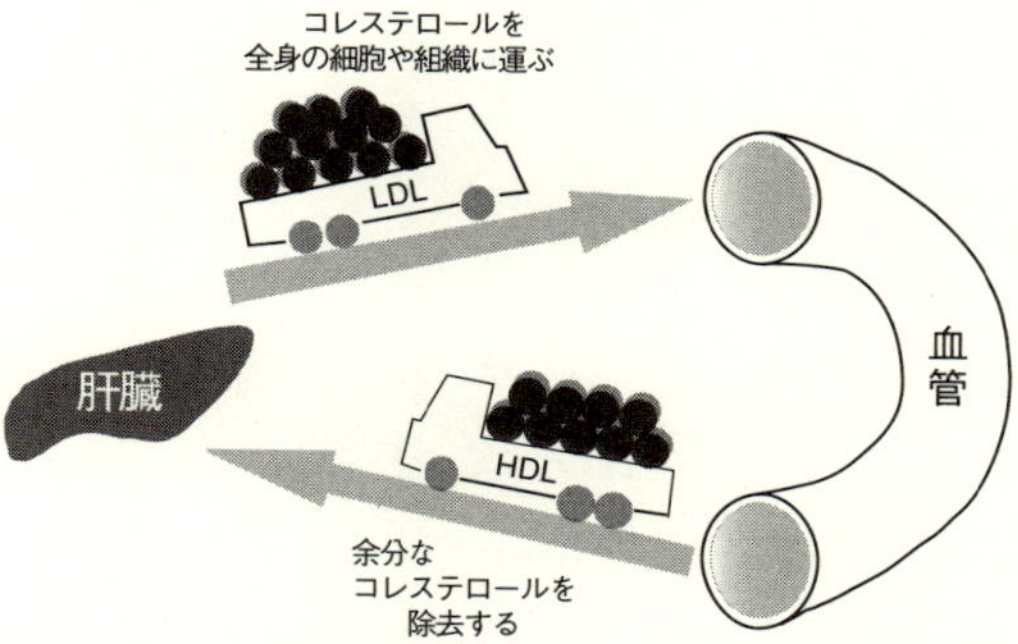

図4-11　ＨＤＬコレステロールとＤＨＬコレステロールの働き

というと「悪者」のイメージがあり、なにがなんでも下げなければならない気持ちを抱き、低ければ低いほどよいと思いがちです。しかし、コレステロールはホルモンや胆汁酸といった生命活動に不可欠な生体成分の材料として利用されるきわめて大切な成分であることも事実です。成人の場合、コレステロールは一日当たり一～一・五g必要であるといわれており、約三〇%は食物でとり、約七〇%が体内で新しく合成されています。

コレステロールが全身に供給されるには血液にのって運ばれなければなりませんが、実はコレステロールは血液に溶けることができないため、アポタンパク質という水に馴染みやすいタンパク質に包まれた脂肪粒子として血液の中を流れます。この脂肪の粒子はリポタンパク質と呼ばれ、低密度リポタンパク質（ＬＤＬ）と、高密度リポタンパク質（ＨＤＬ）、それにカイロミクロン、超低密度リポタンパク（ＶＬＤＬ）の四種類があります。

ＬＤＬの主要な役割は、血液にのって細胞にコレステロールを運ぶことであり、ＨＤＬの主要な役割は、全身を循環しながら、動脈や細胞で余ったコレステロールを回収し、肝臓に戻すことです。つまり、運び屋をしているのがＬＤＬで、掃除屋の働きをしているのがＨＤＬです（図４―11）。

ＬＤＬとＨＤＬは常に一定量以上にならないように保たれていますが、なんらかの原因で、ＨＤＬが不足しＬＤＬが増えると、増えたＬＤＬは動脈壁に沈着して動脈硬化を起こします。このことから、ＬＤＬは悪玉コレステロール、ＨＤＬは善玉コレステロールとされていますが、本来的にはＬＤＬもこうした大切な役割を果たしています。極言すれば、ＬＤＬ自体よりも、活性酸素で酸化されたＬＤＬが動脈硬化症を惹き起こす犯人そのものであり、日頃から、ＬＤＬが体内で過剰にならない食生活や活性酸素を増やさない生活習慣が強く求められます。

――高脂血症と乳酸菌

カイロミクロンとＶＬＤＬは中性脂肪の運搬を果たしています。中性脂肪は、皮下脂肪として蓄えられ、寒いときに身体の熱を逸散させない役割を果たしたり、外部からの衝撃から内臓を守ってくれます。血液中での正常値は一dl当たり三〇～一五〇mgで、この範囲に含まれていればなんら問題はありませんが、中性脂肪が一五〇mg以上、総コレステロールが二二〇mg以上、ＨＤＬが四〇mg未満の場合を高脂血症と呼んでいます。

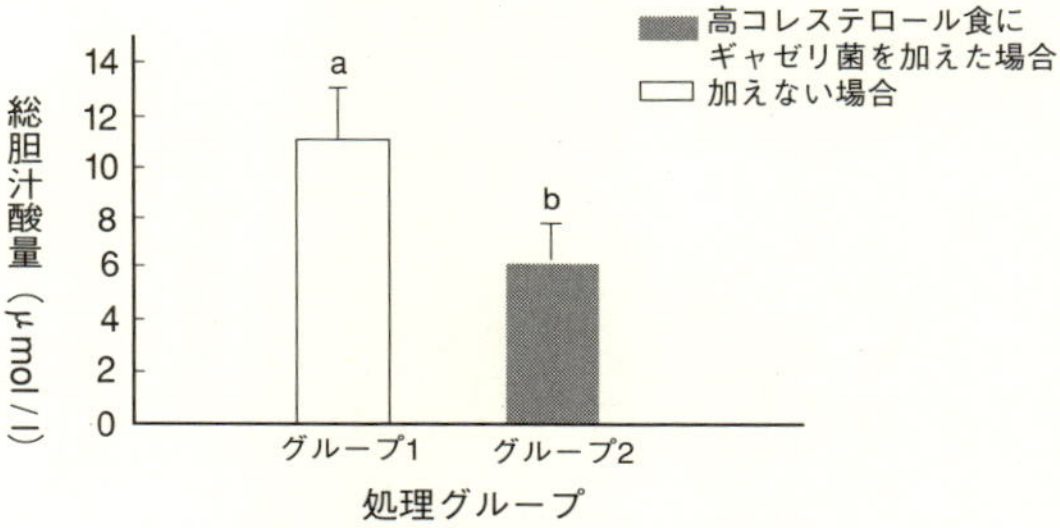

図4-12　ラットにおける
Lactobacillus gasseri SBT0270の投与に対する
血中胆汁酸の影響（細野）
コレステロールとともにギャゼリ菌を与えることによって、ラットの血清中の胆汁酸の量が減少することがわかる。

次で詳しく述べますが、乳酸菌が血清コレステロール低減作用をもっていることも多くの研究から明らかにされています。ラクトバチルス・アシドフィラス菌の二株、およびラクトバチルス・カゼイ菌の二株の菌体を別々にラットに対して高コレステロール食とともに与えた場合、いずれの菌株を投与しても血清コレステロール量の上昇は抑制され、投与一四日目においていっそう抑制率が上昇することが判明しています。さらに、図4―12に示すように、ラクトバチルス・ギャセリSBT0270株とコレステロールとをラットに投与したときの血清中の胆汁酸量がこの菌の投与により減少することも確認されています。

ヨーグルトの悪玉コレステロールの排除効果

――ヨーグルトの摂取とコレステロールの変化

前述したように、脂肪分の多い欧米型の食事はコレステロールや中性脂肪の摂取量を高め、高脂血症や動脈硬化の大きな原因になっています。このことは欧米型の食事が多くなってきている私たち日本人にとっても関心のあるところであり、日常の食事において十分気をつけなければならない問題です。その中にあって、高脂血症や動脈硬化の予防にヨーグルトがすぐれた効果を発揮することが学術的に明らかになりつつあり、大きな福音としてその成果が注目されているところです。

ドイツのキースリン博士らの研究によると、ヨーグルトを長期にわたって摂取すると、血中の高リポタンパク質（HDL）の量が増加し、低リポタンパク質（LDL）の量が減少してくることがわかっています。つまり、サーモフィラス菌とラクチス菌を用いてつくったヨーグルトを対照にし、その二種の乳酸菌に乳酸桿菌であるアシドフィラス菌とビフィズス菌であるロングム菌を混ぜてつくったヨーグルトを年齢一九～五六歳の二九人の女性（高コレステロール血症の人一四人、正常者一五人）に一日三〇〇g、六カ月間与え、血中コレステロール量を測定し、表4—4に示した結果を得ています。この表から明らかなように、乳酸桿菌とビフィズス菌を加えて発酵させたヨーグルトを食べ続けることによって、高コレステロール血症のグループで有意にLDL/HDLが減少すると同時にHDLが増えていることが認められます。

表4-4　血清脂質の変化

血清脂質（mmol / l）	0週	3週	6週
総コレステロール			
発酵乳（n=29）	6.68±0.42	5.87±0.43*	5.71±0.49**
プラセボ（N=28）	5.88±0.47	5.85±0.62	5.86±0.53
HDL-コレステロール			
発酵乳（n=29）	1.21±0.26	1.22±0.27	1.23±0.29
プラセボ（N=28）	1.32±0.31	1.34±0.30	1.31±0.26
LDL-コレステロール			
発酵乳（n=29）	4.30±0.34	4.08±0.43*	3.87±0.48**
プラセボ（N=28）	4.01±0.51	3.98±0.70	4.03±0.58
トリグリセライド			
発酵乳（n=29）	1.28±0.37	1.26±0.53	1.35±0.51
プラセボ（N=28）	1.22±0.33	1.18±0.41	1.14±0.36

平均±標準誤差　　*：p<0.05　　**：p<0.01　　（Agerbaekら）

また、デンマークのアストラップ博士らは、サーモフィラス菌とファシウム菌を用いてつくったヨーグルトを、いずれも年齢一八～五五歳の二〇人の男性と五〇人の女性を対象に一日あたり四五〇mlを八週間にわたって飲用させ、LDLが有意に低下したことを明らかにしています。

また、千見寺ひろみ博士らは虚血性心疾患で血清脂質に異常を示した日本人患者一二人に一二週間にわたり、市販のヨーグルト五〇〇mlを一日三回に分けて食前に摂食してもらい、血清脂質を測定しています。結果は総コレステロール値、中性脂肪値には変化がなかったものの、HDL—コレステロールが増加し、一二週後には全例が正常値の域にまで回復したことを報告しています。さらに、

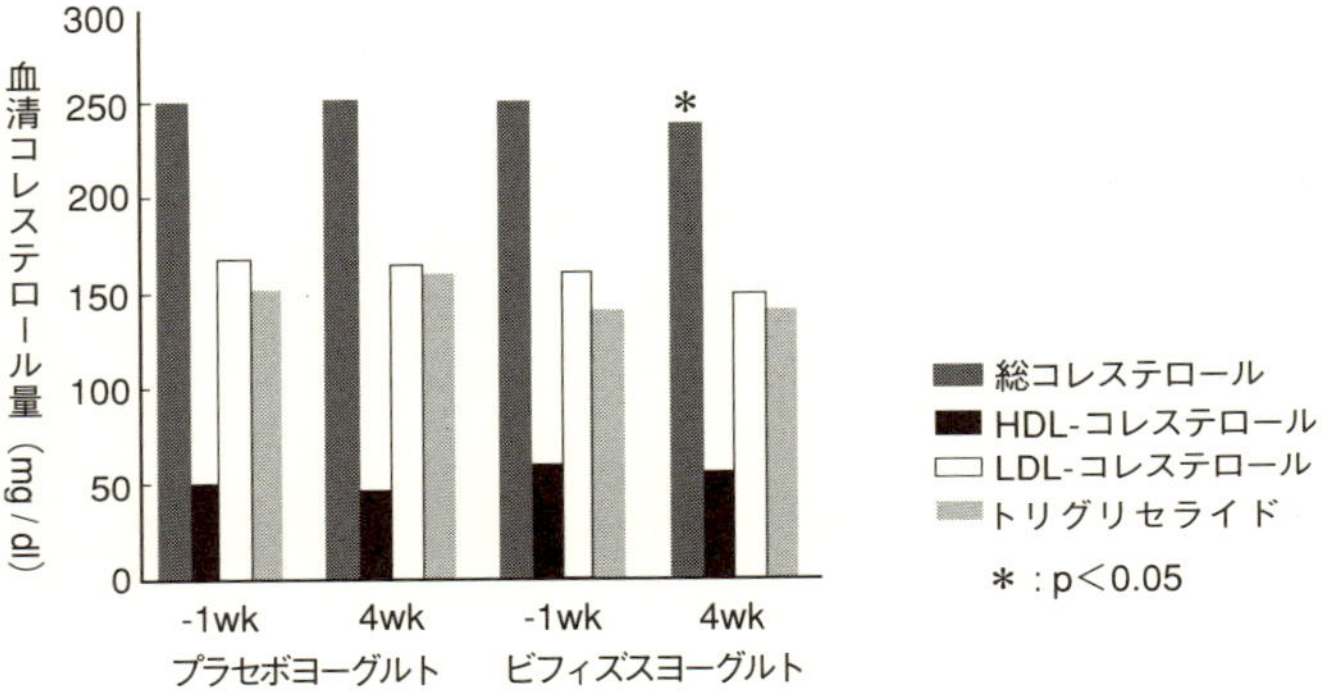

図4-13　総コレステロールが240mg/dl以上の人における
ビフィズスヨーグルト摂取による血清コレステロールの変化（Xiaoら）

ビフィズスヨーグルトの投与によって、投与4週間目で血清中の総コレステロール量が有意に減少することが認められる。

森永乳業株式会社の肖金忠博士らはカゼイ菌と、サーモフィラス菌の二株で発酵させた発酵乳を血清脂質レベルの高い被験者に八週間摂取させ、その血清脂質値の変化を調査しました。試験には被験者二〇人を無作為に二群に分け、発酵乳投与群一〇人、プラセボ（偽薬）投与群一〇人としました。八週間、二〇〇mlずつ毎日摂取してもらい、採血は摂取前と四週後、八週後に実施し血清脂質を分析しました。その結果、総コレステロール値は、発酵乳群が摂取四週目で有意な減少を示したことが確認されました（図4―13）。

――コレステロール連れ出しの仕組み

一方、乳酸菌やビフィズス菌がなぜコレステロールを下げるかについて、胆汁酸に対する脱抱合性と乳酸菌菌体によるコレステロールとの結合作用の両面から研究され、最近になってそのメカニズムが判明してきました。

まず、胆汁酸の脱抱合性から説明したいと思います。人間の場合、胆汁酸は肝臓でつくられ、コール酸とケノデオキシコール酸の二種類があります。これらを一次胆汁酸と呼んでいます。一次胆汁酸はタウリンもしくはグリシンと抱合して胆汁中に分泌されます。これらの抱合胆汁酸の大部分は回腸より吸収されて肝臓に戻りますが、一部は腸内細菌の作用によって抱合が解かれ、コール酸はデオキシコール酸に、またケノデオキシコール酸はリトコール酸になります。抱合が解かれたこれらの胆汁酸を二次胆汁酸といいます。二次胆汁酸はふたたび吸収されて肝臓に戻るか、糞便中に排泄されてしまいます。

このように一次胆汁酸からタウリンやグリシンが離れてデオキシコール酸やリトコール酸（これらを二次胆汁酸といいます）になることを胆汁酸の脱抱合と呼んでいます。乳酸菌、特に乳酸桿菌は脱抱合性にすぐれており、このことは人間にとって血清中のコレステロール量低減の上で好ましい状況をつくることを意味します。それは胆汁酸の脱抱合がすすむと、肝臓が胆汁酸を供給するためにより多くのコレステロールが消費され、かつ脱抱合された二次胆汁酸は腸管壁から吸収されにくいため、二次胆汁酸の多くが排泄されてしまうからです。

また、筆者らは乳酸菌菌体がコレステロールを結合させて、排泄に導くメカニズムについて調べてみました。その結果、発ガン性物質や変異原性物質の場合と同様に、乳酸菌菌体とコレステロールとの結合率が菌株により大きく異なりますが、確実に乳酸菌の菌体にコレステロールが結合することが確認されました。

初級免疫学

――免疫反応とは

日常的に触れたり、摂取したりするものが私たちの生体にとって無害か有害かを判断する本能が生体にはそなわっています。もし、有害と判断されるものについては、生体はそれを無害にする能力を発揮して、異物処理をおこないます。これが免疫反応です。この処理能力は感染症などの原因になる有害微生物やウイルスや食物として口にする食成分などに及ぶことは当然ですが、その他に生体としての秩序を維持できなくなった腫瘍細胞や、老廃化した自己由来の成分、さらに細胞組織の除去などにも及びます。つまり、免疫反応とはウイルスや病原細菌といった異物が体内に入ってきた場合や、生活習慣などによって蓄積された老廃物や種々の異常代謝物を除去するために、リンパ球や抗体が攻撃をしかけてそれらを排斥する生体反応のことです。その免疫反応が過敏の場合をアレルギー反応といい、外来のウイルスや病原細菌だけではなく自分自身の細胞にも攻撃をしかける異常免疫反応です。

免疫反応は自然免疫系と獲得免疫系とに分けられます。図4—14に示すように、自然免疫系とはマクロファージ、ナチュラルキラー細胞（NK《エヌケー》細胞：T細胞にもB細胞にも属さない、異常細胞を殺す働きをする細胞）、好中球、樹状細胞、ナチュラルキラー（NK）T細胞といった、生まれつき生体にそなわっている細胞が異物を攻撃するシステムのことをいいます。

一方、獲得免疫系はT細胞とB細胞の免疫反応上主要な二種類の細胞が関与するシステムで、T細胞とB細胞は、互いに密接な連携をとりながら、生体防御の役割を果たしています。さらに、この獲得免疫系は、抗体をつくり出します。T細胞の中のヘルパーT細胞（Th）は特殊なアンテナで異物（抗原）を認識すると、自らを活性化し、同時にB細胞をも活性化します。ヘルパーT細胞には微生物を効率よく排除するTh2型免疫（液性免疫）と、ウイルス、結核菌などの細胞内寄生細菌、腫瘍細胞などの排除に有効に働くTh1型免疫（細胞性免疫）とに分かれ、互いを制御しながらバランスを保っています。液体免疫の主体となるTh2細胞も、細胞性免疫の主体となるTh1細胞もTh0細胞から分化誘導されますが、Th0細胞がTh1細胞に分化する上で重要なサイトカインはIL12であり、Th2細胞への分化に重要なサイトカインはIL4です。Th1細胞は、インターフェロン（IFN）—γなどのサイトカインを産生して、マクロファージやナチュラルキラー（NK）細胞などを活性化します。一方、Th2細胞はB細胞を活性化して免疫グロブリンと呼ばれる抗体を産生し、抗原に攻撃をしかけて撃退します。B細胞の一部は記憶細胞として残り、ふたたび同じ抗原が侵入してきたとき、それ

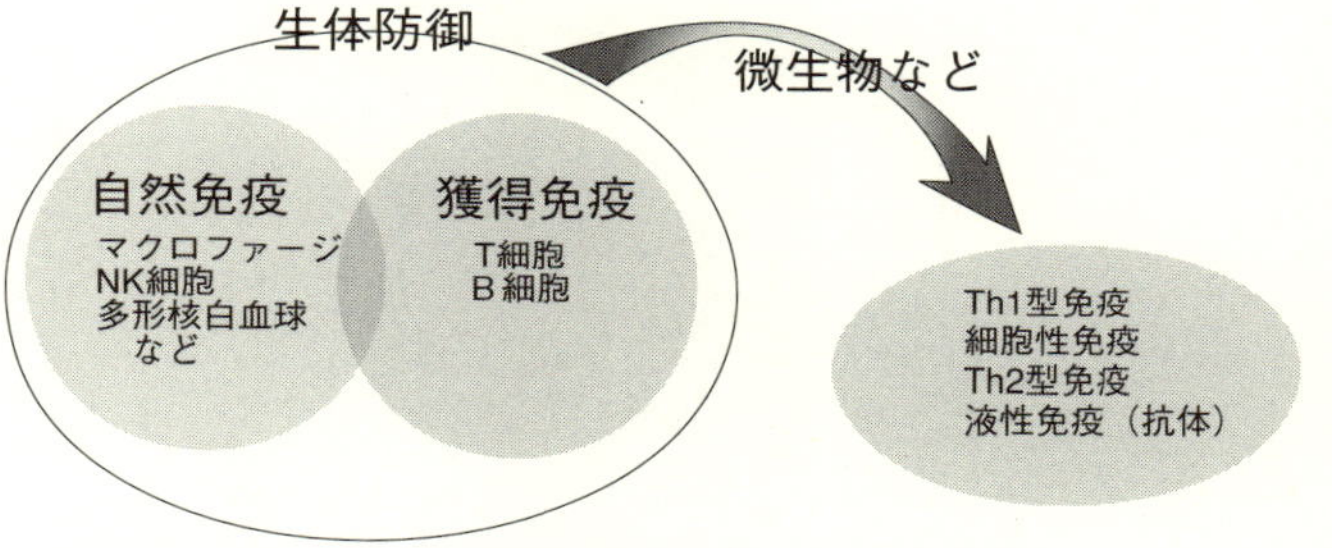

図4-14　生体防御系における自然免疫と獲得免疫

を撃退するために待機します。Th1型免疫とTh2型免疫はちょうどシーソーのようになっており、Th1型免疫に傾くと自己免疫疾患に、Th2型免疫に傾くとI型アレルギーに傾く危険が増してきます。

私たちの身体で免疫の舞台になっているのは、なんといっても腸管です。先に記しましたように、大人の小腸と大腸を併せた長さが約七m、広げるとテニスコート約一枚分（四〇〇m^2）といわれています。この膨大な腸管壁には免疫担当細胞である末梢リンパ球やパイエル板が存在しています。さらに、腸管には一〇〇兆個にもおよぶ腸内細菌が棲息し、これら免疫担当細胞に強い影響を及ぼしています。腸内細菌のうちとりわけ、乳酸菌やビフィズス菌の免疫細胞に対する活性化作用については多くの研究が報告されていますが、そうした微生物の働きによって、腸管内の免疫力がよいバランスに保たれていることがわかっています。

なお、免疫グロブリンにはG、M、A、D、Eの五種類があります。

免疫グロブリンGは、私たちの血液中にもっとも多く存在し、別名ガンマグロブリンともいわれています。この抗体は特に赤ちゃんの時期に、病原菌による感染からの予防に対し大きな力を発揮しています。赤ちゃんが自分でつくる抗体として免疫グロブリンMがあります。免疫グロブリンAは病原菌による感染予防に偉大な力を発揮します。免疫グロブリンAには血清免疫グロブリンAと分泌型免疫グロブリンAの二種類がありますが、私たちの身体を感染症から守る上で重要なのが分泌型免疫グロブリンAです。呼吸器官や消化器官、泌尿器などの粘膜表面で分泌され、病原菌の侵入を防いでいます。免疫グロブリンEは日本人科学者、石坂公成博士によって発見されたもので、その発見は世界的に偉大な功績です。感染症を予防する上で重要な働きをしていますが、アレルギーを引き起こす原因抗体としても知られています。

なお、免疫グロブリンDについては現在のところ、詳しい役割は十分解明されていません。

ヨーグルトと免疫力

――乳酸菌とビフィズス菌混用でヨーグルトの力が高まる

ヨーグルトが免疫力を高める効果にすぐれていることは、これまでにナチュラルキラーT細胞やT細胞に活力を与えること、抗体産生能力を高めること、サイトカイン産生能力がさかんになること、病原菌に対する防御機能が強まることなどを切り口にした多くの研究によって明らかにされてきました。

すでに述べてきたように、ヨーグルトの製造にはサーモフィラス菌とブルガリカス菌の二種類の乳酸菌が用いられるのが一般的ですが、これに乳酸桿菌やビフィズス菌を併用することにより、より強い免疫効果を発揮させたヨーグルトが製造されています。ヨーグルトを介して腸に到達した乳酸菌やビフィズス菌はリンパ組織を刺激して免疫力を活発化させる機能を発揮することになります。この場合、生きている乳酸菌やビフィズス菌はより効果的に免疫力を高めることが期待されますが、仮に生きていなくてもそれら細菌の細胞壁構成成分が免疫力の増強に貢献することも明らか

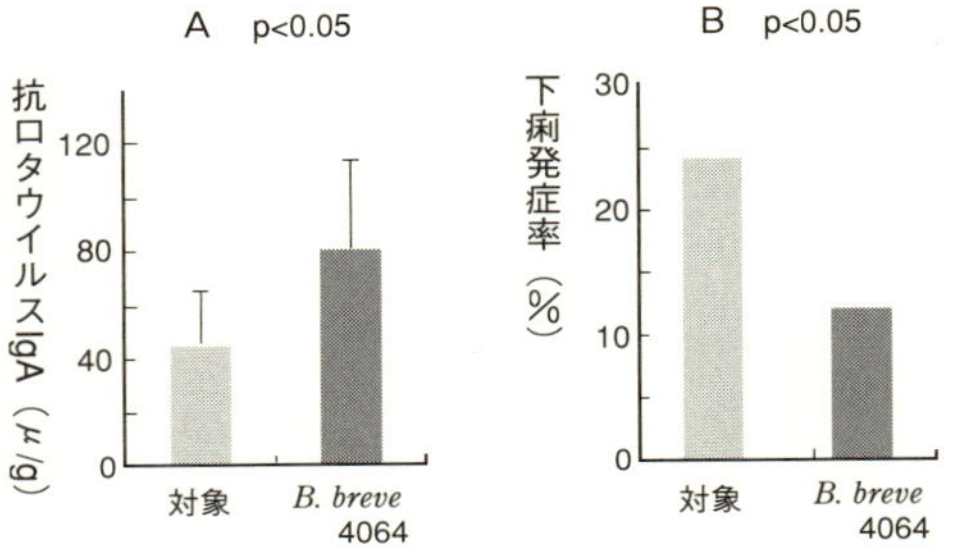

A：出産12週間前から0.05% *B. breve*YIT4064添加飼料を与え、出産9-12日前の母マウスにロタウイルスを投与し、出産後、乳中の抗ロタウイルスIgAを測定した。

B：出生5日目の仔マウスにロタウイルスを感染させ、14日間下痢発症を観察した。

図4-15　ビフィズス菌の経口投与が、乳中の抗ロタウイルスIgAの産生と仔マウスの下痢発症に及ぼす影響（保井）

ビフィズス菌を投与することによって、抗ロタウイルス免疫グロブリンA（IgA）の産生が増加し、下痢の発症が抑えられることが認められる。

にされています。さらに、乳酸菌やビフィズス菌以外のヨーグルト成分、つまりホエイタンパク質、カルシウム、ビタミンなども免疫力を活発化させることが知られています。

——免疫力が高まる仕組み

以下にヨーグルトの免疫力の賦活化作用について、科学的に明らかにされてきたことを少し詳しく述べることにします。

①乳酸菌、ビフィズス菌の菌体成分による免疫力の増強作用

冬季の乳幼児下痢症の主要な起因ウイルスであるロタウイルスに対しビフィズス菌が感染防御作用をもっていることが明らかにされています。信州大学の保井久子教授らはビフィドバクテリウム・ブレーベ（*Bifidobacterium breve*）をマウスに与えることによ

り、図4—15に示すように免疫グロブリンAの産生が高まり、下痢の発生が著しく抑制されたことを明らかにしています。発展途上国ではロタウイルス感染により九〇万人近くの乳幼児が死亡していますが、こうした状況への対応として大きな期待がもたれます。また、この同じ株はインフルエンザ感染防御作用にもすぐれた効果をもっていることも明らかにされています。

一方、すでに述べたように乳酸菌の抗ガン作用については、ヨーグルトに存在する乳酸菌が腸管内で発ガン物質の生成を抑制する酵素をつくり出したり、変異原性物質の毒性を弱めたりして抗ガン作用を発揮する他に、免疫力を活発化させることにより、抗ガン作用を発揮することが明らかにされています。ヨーグルトに存在する乳酸菌が、末梢血管単核細胞に由来するサイトカインの産生を促し、またナチュラルキラー細胞、Tリンパ球、それに貪食細胞であるマクロファージを活性化させたり、液性免疫系を活性化させることにより抗ガン作用を発揮するわけです。

②乳酸菌、ビフィズス菌以外のヨーグルト成分による免疫力の増強作用

ヨーグルトのもっている栄養価は牛乳の栄養価と本質的に変わっていませんが、ヨーグルトではペプチド、遊離アミノ酸、遊離脂肪酸、コリン、葉酸が牛乳に比べて多くなっているのに対し、ビタミンB_6とビタミンB_{12}が少なくなっています。カルシウムは牛乳ではカルシウムカゼイネートとして存在していますが、ヨーグルトでは乳酸カルシウムとして存在する場合が多くなります。したがって、牛乳の場合よりもヨーグルトを長期間食べ続けた場合の方がイオン性カルシウムの血清中で

の濃度が高まり、免疫機能が高まることが指摘されています。また、低分子化した牛乳タンパク質ほどマクロファージの活性が強くなることがマウスでの実験から明らかにされています。さらに、カゼイン由来のヘキサペプチドがT細胞やナチュラルキラー細胞の産生を促し、悪害腸内微生物の増殖を阻んでいることも明らかにされています。ヨーグルトで遊離状態になっているホエイタンパク質由来のシステインは遊離基に対する捕捉効果と免疫機能調整能にすぐれたメチオニンの合成に使われます。

ヨーグルトとアレルギー

――アレルギー反応の仕組み

アレルギーについては日常的にテレビ、新聞、雑誌などで見たり、聞いたりしますが、中でも花粉アレルギーや食物アレルギーは私たちの多くが経験するところです。アレルギー反応は、本来生体防御を目的とするはずの免疫応答が結果としてむしろ生体に危害を及ぼす現象であり、「生体内に侵入したアレルギーの原因物質（アレルゲン）に対して生体が過剰な、あるいは異常な免疫応答をするために生じる生体障害反応である」と定義されます。

たとえば、食事をとると腸管系免疫細胞は食物成分とウイルスや病原菌をきちんと認識し、食物成分のみを受け入れる機能をもっています。この機能の発現には、免疫制御シグナルが働いていて、通常は過敏な反応が起こらないような仕組みが作動していますが、そうした制御が働かなくなるとアレルギーや感染症が起こるわけです。

乳幼児や小児の場合、食品アレルギーの原因食品として鶏卵、牛乳、大豆、各種肉類、魚介類、

表4-5　アレルギーの分類

型	別称	関与する抗体分子	抗原	特徴
Ⅰ	即時型	IgE	アレルゲン 薬物 食物	アナフィラキシー型ともいう。抗原刺激によってIgEが産生することにより起こる。
Ⅱ	細胞傷害型	IgG IgM		細胞融合型ともいう。食物アレルギーでは、この型に属するものは知られていない。
Ⅲ	免疫複合型	JgG	薬物	アルサス型ともいう。抗原とIgGが結合してできる免疫複合体が組織を破壊する。
Ⅳ	遅延型		薬物	細胞免疫型ともいう。Tリンパ球の傷害によって起こる。

穀類などがあげられます。食品アレルギーの症状には、皮膚に出るものとしてアトピー性皮膚炎、蕁麻疹、湿疹が、消化器に現れる症状として下痢、嘔吐、腹痛が、また呼吸器に現れる症状として気管支喘息などがあります。

アレルギー反応はその発症メカニズムの違いからⅠ～Ⅳ型に分類されています。それぞれの特徴を表4―5に示しました。中でもⅠ型アレルギーは即時型アレルギーと呼ばれ、免疫グロブリンE抗体と抗原との反応によりマスト細胞（肥満細胞）からヒスタミン（histamin）やロイコトリエン（leukotriene）が放出されて、アレルギー特有の症状が出てきます（図4―16）。しかし、実際のアレルギー症状はこの分類どおりに単純に分類されるものではなく、いくつかの型が重複したり、連続して発生することもあります。アトピー性皮膚炎はⅠ型とⅣ型が関与していると考えられています。

――アレルギーに対抗するヨーグルト

ヨーグルトが抗アレルギー性を有していることは、とりもなおさ

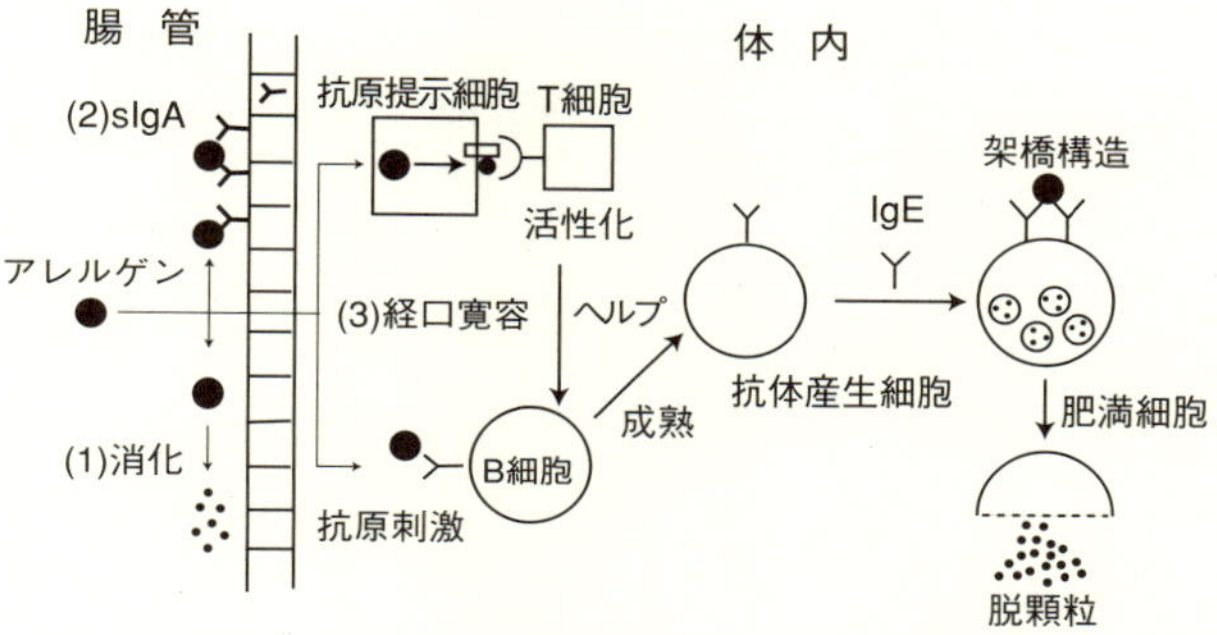

図4-16　牛乳アレルギーの発症機構（榎本）

(1)消化酵素によるアレルゲンの分解、(2)分泌型IgA抗体による牛乳アレルゲンの侵入阻止、(3)牛乳アレルゲンに対する経口寛容現象。これら3つの現象は、健常者における牛乳アレルギーの防止機構であると考えられている。しかし、牛乳アレルギー患者では、上の(1)～(3)のバリアーを突破した牛乳アレルゲンは、生体内で特異IgE抗体の産生を促す。このIgE抗体と牛乳アレルゲンが肥満細胞表面上で架橋構造を形成すると、それが引き金になって肥満細胞の脱顆粒が起こり、その結果アレルギーの諸症状が誘発される。

ずそこに存在する乳酸菌やビフィズス菌の作用によっています。乳酸菌やビフィズス菌が抗アレルギー作用をもっているのは、これらの細菌がグラム陽性菌であるからだという説があり、注目されています。グラム陽性菌はグラム陰性菌に比べて細胞壁のペプチドグリカン層と呼ばれる層が厚いのに対し、陰性菌では薄く、ペプチドグリカン層の上にリポ多糖と呼ばれる脂質の層があるのが特徴です。乳酸菌やビフィズス菌などのグラム陽性菌がわれわれの体内に入ってくると、Th1と呼ばれるT細胞とリンパ球の産生が強力に引き起こされ、またグラム陰性菌が体内に入ってくるとTh2の産生が促されるといわれています。Th2の産生が過剰になって$\frac{Th1}{Th2}$のバランスが崩れたときアレルギー症状が起こることになります。

アレルギー症状をもつ幼児では同年齢の健康な幼児に比べて、乳酸桿菌の数が少なく、大腸菌やブドウ球菌といった有害菌が多いことがわかっています。こうしたことからも乳酸菌の多寡とアレルギーとの関連が示唆されます。したがって、乳酸菌やビフィズス菌はもとより、グラム陽性菌を腸管内に棲息させてやることがアレルギー予防の上で有効であるということになります。

ヤクルト中央研究所の志田寛博士らは卵白アルブミンに対して免疫グロブリンEをつくり出すマウス脾臓細胞にラクトバチルスのシロタ株（*Lactobacillus casei* subsp. *casei* Shirota）を添加することにより、免疫グロブリンEの産生が著しく抑制されたことを認めています。つまり、シロタ株はマクロファージや樹状細胞といった抗原提示細胞（抗原をT細胞に提示する細胞）を活性化して、Th1細胞の応答を誘導してTh2細胞の応答を抑制させ、結果的に$\frac{Th1}{Th2}$のバランスを増加させたためであると考察されます。

なお、牛乳アレルギーの原因物質の代表的なものとしてはαS_1―カゼインとβ―ラクトグロブリンがあります。これらのタンパク質は牛乳にたくさん含まれているため、人間に対する異種性が強く、強いアレルゲン性を生み出していると推定されています。ヨーグルトは乳酸菌やビフィズス菌の作用により、それらタンパク質がずいぶん分解された形態をとっているため、アレルゲン性はかなり弱められていることも事実です。

特定保健用食品

──「健康食品」と機能性食品

近年、「機能性食品」とか「特定保健用食品」という言葉をよく耳にするようになりました。これらの言葉が生まれる以前は健康上特に好ましい食品に対して「健康食品」という言葉が用いられていました。しかし、「健康食品」という言葉はあくまで俗称であり、はっきりした定義はありませんでした。漠然とした概念を悪用して、健康によいとされる科学的裏づけが乏しい効果・効能をうたった商品までが「健康食品」として売られ、消費者から苦情や疑問が出るケースが頻発しました。

一九八〇年代に入って、食品に対し、栄養素、風味、健康な体調を維持または増進させる機能についての総合的な判断基準を設けることの必要性が叫ばれるようになり、文部省（当時）の特定研究「食品機能の系統的解析と展開」が東京大学の藤巻正生教授らによって進められ、食品に対して従来認識されていた栄養機能（一次機能）と感覚機能（二次機能）の他に、生体調節機能（三次機能）について、しっかりとした概念がつくられ、「機能性食品」という用語が提唱されることになりました。

——特定保健用食品

厚生省（当時）も予防医学の立場から「機能性食品」を取り上げ、一九九一年に「機能性食品」の概念は「特定保健用食品」というかたちで実現することになりました。「機能性食品」（Functional Foods）ではなく、「特定保健用食品」（Foods for Specified Health Use, FOSHU）という言葉になった背景には、「機能」という用語が薬事法で医薬品を定義するのに使われていることから、混乱を避けようとする配慮がありました。「特定保健用食品」でうたう生体調節機能（三次機能）とは、免疫系、内分泌系、神経系、循環器系などの調節に関与する機能のことで、いわば人の高次の生命活動に対する調節機能をいい、生活習慣病の予防と改善に相当するものです。

二〇〇一年に入って、保健機能食品制度がスタートし、図4—17に示すように健康食品が「特定保健用食品」、「栄養機能食品」、「健康食品を含む一般食品」の三つのカテゴリーに分類されました。

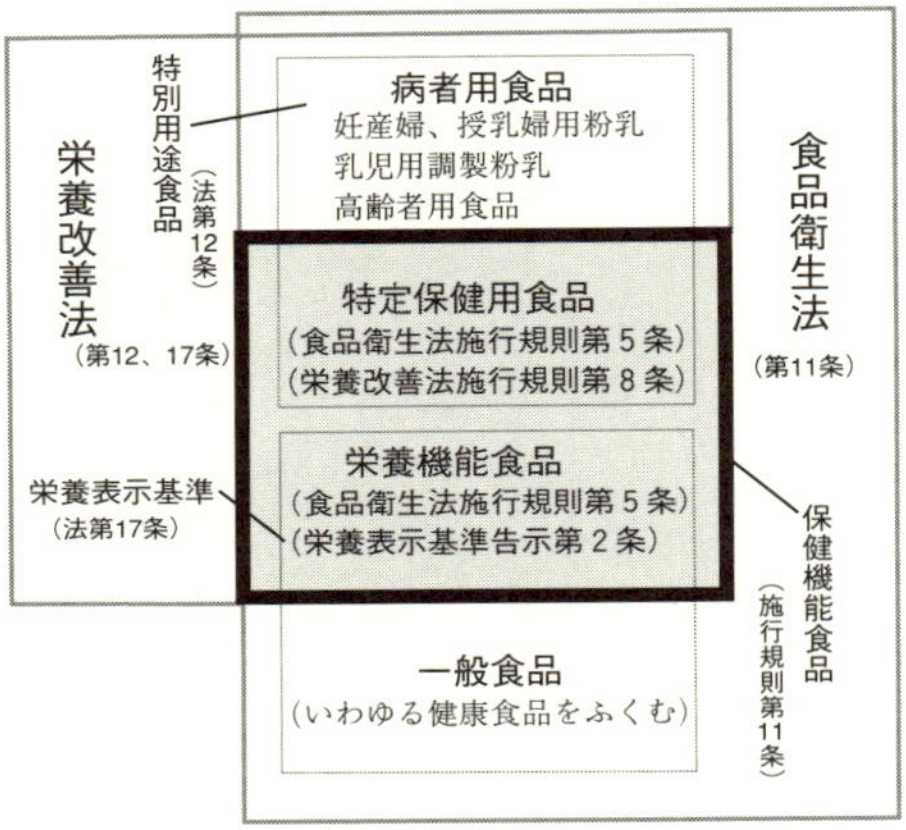

図4-16　保健機能食品制度

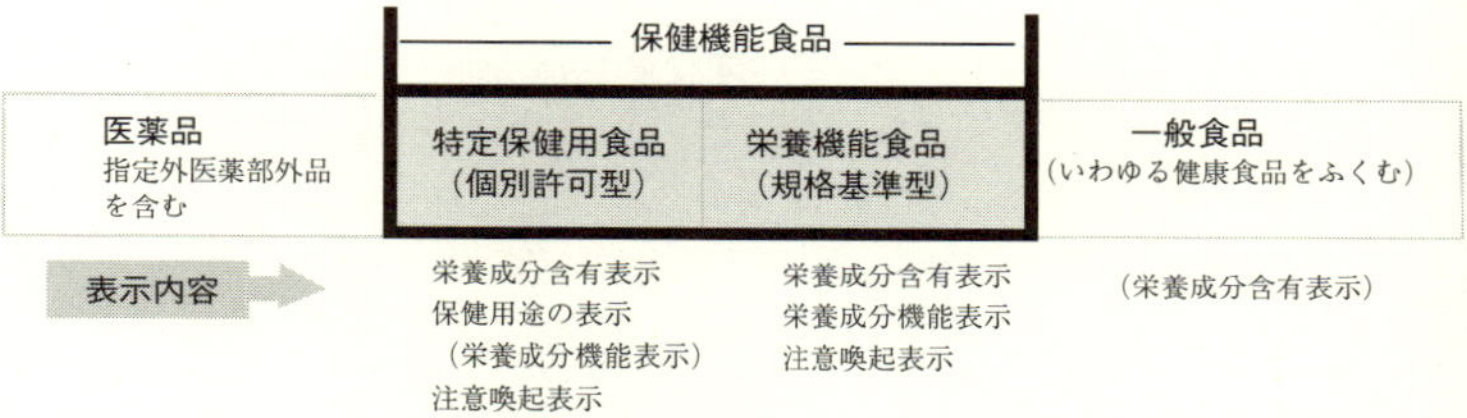

図4-17　保健機能食品の分類

「特定保健用食品」は上述した効果をそなえた食品で、厚生労働省の認可を必要とする個別許可型の食品です。栄養成分の含有表示と保健用途の表示が可能です。認可された製品には識別マークが入り、消費者が判断できるようになっています。

——栄養機能食品

新たに設けられた規格基準型の「栄養機能食品」は、身体の健全な成長、発達、健康の維持に必要な栄養成分の補給・補完を目的とした食品であり、高齢化、食生活の乱れなどにより、通常の食生活をおこなうことがむずかしく、一日に必要な栄養成分をとれない場合に、その補給・補完のために利用する食品と定義されていて、サプリメントがこれに当てはまります。栄養機能食品として栄養成分の機能を表示できる食品は、ミネラル類二種類とビタミン類一二種類のいずれかについて、栄養機能食品の規格基準に適合し、一日当たりの摂取目安量に含まれる栄養成分量が規格基準の下限量と上限量の範囲内にあることとなっています。

なお、「健康食品を含む一般食品」は栄養成分含有のみ表示が義務づけられていますが、「健康食品」は販売業者が独自の判断で、「健康食品」などと称して販売するもので、法令上定義されるものではないとしています。

ちなみに、「特定保健用食品」と「栄養機能食品」の位置づけは食品衛生法と健康増進法の二つの法律によって規制されています（図4―16）。「特定保健用食品」は、従来、栄養改善法に規定する特別用途食品の一つとして取り扱われてきましたが、保健機能食品制度創設にともない、食品衛生法に規定する保健機能食品の一つとしても取り扱われることになりました。特定保健用食品を食品衛生法上に明記した理由としては、従来、食品としては認めていなかったカプセル、錠剤などの形態を食品として可能としたことにより懸念される医薬品との誤認や過剰摂取を回避し、より安全性を確保し、監視指導を強化するといった目的からです。

「お腹の調子を整える」食品

――新法「健康増進法」

「特定保健用食品」や「栄養機能食品」を乳児用、幼児用、妊産婦用、病者用その他厚生労働省令で定める特別の用途に適する商品として販売に供するときの表示手続きなどについて定めた「健康増進法」という法律が平成十四年（二〇〇二）に公布されました。その目的は、「我が国における急速な高齢化の進展及び疾病構造の変化に伴い、国民の健康増進の重要性が著しく増大していることにかんがみ、国民の健康増進の総合的な推進に関し基本的な事項を定めるとともに、国民の栄養改善、その他国民の健康増進を図るための措置を講じ、もって国民保健の向上を図る」ことを目的としています。「特定保健用食品」と「栄養機能食品」は薬ではなく、あくまでも食品であるとの認識が重要ですが、「特定保健用食品」には、一日当たりの摂取目安量が、また「栄養機能食品」には一日当たりの摂取目安量の範囲を示す上限値と下限値が定められていることも摂取に際しての注意すべき点といえます。

「特定保健用食品」の認可を得るにはその機能性をもった素材や成分が安全で、日本人に対する食試験が求められるなど、かなり厳しく、慎重な審査を通らなければなりません。したがって、認可を受けた「特定保健用食品」は安全面と機能面においてかなり高い信頼性がもてるものです。現在、「特定保健用食品」として認可されている商品の数は平成十五年（二〇〇三）一月現在、四〇〇品目に達しており、その六割以上が乳酸菌やビフィズス菌を用いた「お腹の調子を整える食品」として認可されていて、乳酸菌・ビフィズス菌関連製品が特定保健用食品の大きな部分を占めているのが理解されます。

「お腹の調子を整える食品」という表示が許されている食品は、

①発酵乳・乳酸菌飲料、

②オリゴ糖を含む食品、

③食物繊維類を含む食品、

④プロピオン酸菌乳清発酵物

の四つに分類されます。

①の発酵乳・乳酸菌飲料とは、ヨーグルトに代表される発酵乳（後述するように法令表記では《はつ酵乳》または《発酵乳》です）、乳酸菌飲料それに乳酸菌や酪酸菌などの生菌製剤をいい、多くの特定保健用食品が認可されています。②のオリゴ糖を含む食品として、キシロオリゴ糖、フ

ラクトオリゴ糖、イソマルトオリゴ糖、ラクチュロース、大豆オリゴ糖、ガラクトオリゴ糖などが特定保健用食品として認可されています。③の食物繊維類を含む食品として、難消化デキストリン、ガラクトマンナン、ビール酵母由来食物繊維、寒天由来食物繊維、低分子アルギン酸ナトリウム、小麦ふすま、ポリデキストロースなどが特定保健用食品として認可されています。④のプロピオン酸菌乳清発酵物はスイスの伝統的なエメンタールチーズをつくる時に利用されているプロピオン酸菌により乳清を発酵させたものです。プロピオン酸菌による乳清発酵物の働きにより、お腹の中のビフィズス菌を増やし、腸内環境を整えることにより、便通を良好に保ち、かつ乳糖不耐症の症状を軽減する効果が明らかにされています。

上述したように、「特定保健用食品」にしても、「栄養機能食品」にしても、本質的に薬ではなく食品ですので、すぐに効果が現れるものではありません。根気よく長く、摂取量を守って食べ続けることが大切です。その意味で、ヨーグルトを摂取する場合でも毎日食べ続けることが大切で、一度にたくさん食べて、数日間をおくような食べ方は、ヨーグルトのもつすぐれた効果をうまく引き出しているとはいいがたいのです。さらに、善玉菌としての乳酸菌の栄養になるオリゴ糖などを摂取することに心がけることも非常に大切なことです。糖といえども、オリゴ糖の中には宿主である私たちにとって消化しにくいものがたくさんあり、太る心配はありません。「特定保健用食品」として認可されたオリゴ糖を選ぶことは、健康を指向した食生活を確立させる上からもおおいに意味のあることなのです。

5章　ヨーグルトの贈り物──安全

食における「安全」と「安心」

──似て異なるもの

知識と知恵、事実と真実、安全と安心は似た響きをもった言葉ですが、それぞれの対語間の意味にかなりの違いがあるように思われます。独断をお許しいただけるならば、知識は一つ一つの事項や事柄について単に知っていることをいうのに対し、知恵はそうした知識を超えた認識で本質を把握できる直感をもって適切に処理する能力のことをいっていると思います。また、事実は実在的なでき事や存在を意味するものですが、なぜその事実が起こったかの背景や経緯は必ずしも説明していなく、見方によっては全貌に対する部分的な意味合いしかもっていないように思われます。それに対し、真実は、その事実が実在することの背景や経緯といった事由まで説明している言葉だと思います。ある事件が起こったとき、「事実関係を調べ、事件の真相を明らかにする。」といういい方をしますが、事実の意味を的確に伝えていると思います。

さて、安心と安全ですが、食への危害物質が混入したり、偽った表示がなされた商品が出回るなど、今日ほどこの二つの言葉が対語として語られたことは過去にはありません。まさに時代的用語です。安全は安らかで危険のないことが科学的に保証され、客観性をもった言葉であるのに対し、安心はあくまでも気持ちの問題で、心配・不安がなく心が安らぐという主観的心理状態に気持ちを置いた言葉です。つまり、いくら安全が保証されても人々の安心感を満たす十分条件にはなっていないのです。

——食物への安心を確保するシステム

食物を消費する側とそれを生産・製造・販売する側の信頼関係が成り立っているところで食物への安心が生まれます。しかし、偽装表示があったり、私たちが口にする食べ物の多くが外国から入ってきて、消費者側と生産・製造・販売する側の距離が離れすぎてしまったことも信頼関係の構築をむずかしくしています。したがって、いくら安全であるといわれてもすぐに安心だと信じる心境にはならないわけです。安心は生産・製造・販売する側のモラルに依っているところがかなりありますし、トレーサビリティー（追跡可能性）をしっかりさせることも消費者に安心感を与える最良の方法と思います。

トレーサビリティーとは食品とその情報を追跡し、さかのぼることを可能にするシステムです。具体的には、食品の生産から販売までの一連のルートにおいて原材料の仕入れ先や食品の製造元、販売先などを記録・管理して、その食品がたどってきたルートと情報を追跡し、また生じた疑問や問題の解決を可能なかぎり遡及できるようにするというものです。したがって、トレーサビリティーを確保するためのシステムをおのおのの食物についてきちんと構築すれば、問題が生じても原因を明らかにし、かつその問題の部分を取り除く処置が可能となります。たとえば、今問題の牛海綿状脳症（ＢＳＥ）と関連して、わが国ではすべてのウシに固体識別番号を入れることが義務づけられ、何かが起こったときその番号からそのウシの履歴、固体識別情報が確認できるようになっています。しかし、食を取りまく不安要因はＢＳＥのみではありません。カドミウム、水銀、ダイオキシン、内分泌撹乱物質、アクリルアミド、カビ毒、硝酸塩、残留農薬など、あげれば切りがありません。

農林水産省では安心・安全な食材へのニーズに加え、健康やゆとりを求める国民意識の高まりなどによって、消費者と生産者の「互いに顔の見える関係づくり」が重要であると指摘し、身近なところで生産者自らが、安全な農産物などを責任と自信をもって消費者に提供することが大切であるといっています。牛乳や乳製品も例外ではありません。

冒頭で述べたように、生産・製造・販売する側の人たちが食物の安全性に関する真実の情報を消費者に伝えることが、消費者側の人たちにとって安心感を醸成させることにつながることを知恵としてもつことが大切と思われます。

温故知新、バイオプリザベーション

——古くて新しい食品保存技術

人類は、発酵食品が有害微生物に対して安定性や抵抗性が高いことを合理的に利用して、発酵食品のもつ臭気や酸味や季節性などの問題を排除しつつ、伝統的な加工技術や貯蔵技術を生み出しました。そうした技術の本質を考究して、有用微生物を用いて食品を保蔵することは加熱殺菌を施すことができない生鮮食品や調理済み食品、あるいは低塩食品の保存性を高める上で、また保存料のみに頼らない食品保存技術を確立する上できわめて重要な考え方です。その考え方に立った技術をバイオプリザベーション（生物利用の保存法）といっています。その意味でバイオプリザベーションは「温故知新」の教訓に立った古くて新しい技術といえるのです。バイオプリザベーションと、これに関連する言葉としてバイオプリザバティブ（生物由来保存剤）がありますが、アメリカのレイ博士はこれらの言葉を表5—1に示したように定義しています。

古い時代にさかのぼってみると、人間はもともと腐りやすいミルクを乾燥させたり、加熱処理を

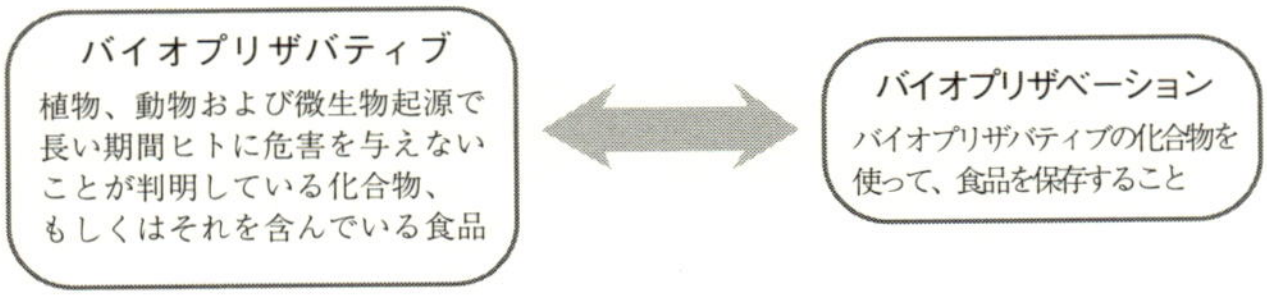
バイオプリザバティブ
植物、動物および微生物起源で
長い期間ヒトに危害を与えない
ことが判明している化合物、
もしくはそれを含んでいる食品
バイオプリザベーション
バイオプリザバティブの化合物を
使って、食品を保存すること

図5-1　バイオプリザバティブとバイオプリザベーション

おこなって腐敗を防いだり、ミルクを自然発酵させることによって長期間保存させる技術を確立していたことが理解されます。

微生物に関する概念がまったくなかった古代に、発酵の本質を経験的に見抜き、ミルクをうまく管理していたことは驚きというほかありません。まさに、古代における食物の長期保存のための様式は、発酵を手段にしたバイオプリザベーションであったといっても過言ではありません。

——減少する発酵食品

今日発酵食品が食品全体に占める割合は、先進国では二五%、発展途上国では六〇%といわれています。発展途上国における発酵食品の占める割合が高いのは、先進国に比べて食品の多様性に乏しいこと、家庭用冷蔵庫の普及や化学的に合成された保存料の使用量が低いこと、などのためです。

乳製品においては発酵に関与する微生物はなんといっても乳酸菌です。すでに述べたように、乳酸菌は炭水化物を発酵して乳酸を多量につ

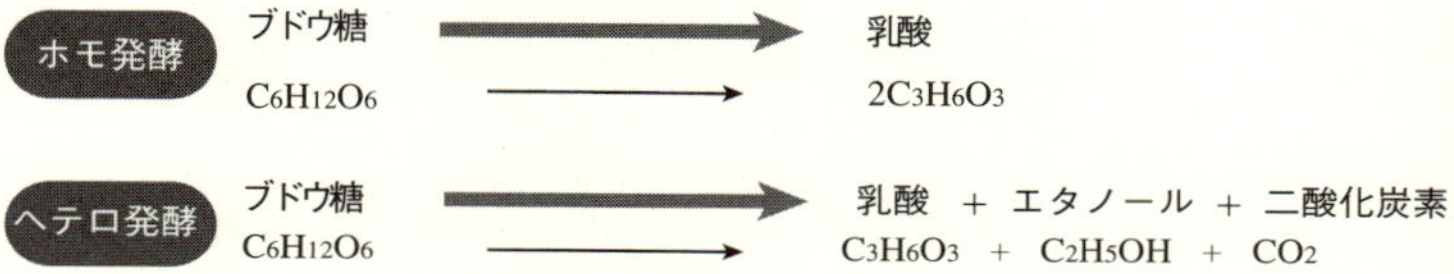

図5-2　乳酸菌の発酵式

乳酸菌による発酵には、糖から乳酸のみを生成するホモ型発酵と、糖から乳酸とエタノールや酢酸、二酸化炭素を生成するヘテロ型発酵がある。

くる細菌の総称であり、現在一五の属に分布しています。生成乳酸は*d*―型、*l*―型それに*dl*―型とがあり、それぞれの菌種によって異なっています。乳酸発酵の仕組みも、乳酸だけ生成するホモ型と、乳酸以外にエタノールや酢酸、二酸化炭素をつくるヘテロ型があります（図5―2）。

乳酸菌がつくる抗菌物質

乳製品に関係深い乳酸菌は表5―2に示すように、おもにチーズやヨーグルトに代表される発酵乳にかかわる微生物です。乳酸菌はチーズや発酵乳の風味形成やゲル形成といった乳製品の特徴づけに関与している点できわめて重要ですが、歴史的にはミルクの長期保存のためのバイオプリザベーションの上できわめて重要な役割を果たしてきました。

乳酸菌が生産する抗菌物質には過酸化水素、酢酸、プロピオン酸といった低級脂肪酸、それに乳酸、マロン酸、α―ケトグルタール酸、酢酸ダイアセチル、ルティンの他に、ナイシン、ディプロコキシンといったバクテリオシン（抗菌物質）があります。バクテリオシンはリボゾーム

表5-1　乳製品とかかわりをもつおもな乳酸菌

乳製品	乳酸菌
ヨーグルト	*Streptococcus thermophilus* *Lactobacillus delbrueckii* subsp. *bulgaricus* *Lactococcus lactis* subsp. *lactis*
チーズ	*Lactococcus lactis* subsp. *lactis* *Leuconostoc mesenteroides* subsp. *cremoris* *Lactobacillus delbrueckii* subsp. *bulgaricus* *Lactococcus lactis* subsp. *lactis* var. *diacetylactis* *Lactobacillus helveticus* *Lactococcus lactis* subsp. *cremoris*

で生産され、遺伝的に近縁の細菌に対して顕著な増殖抑制を示すのが特徴です。乳酸菌が生産するバクテリオシンの特徴は近縁の細菌に対してのみではなく、リステリア菌や腸球菌であるエンテロコッカス属に対しても抗菌作用を示す点です。乳酸菌はヒトの健康に重要なすぐれた機能をもっているのみならず、上述したようにバイオプリザベーションの目的の上からも十分すぐれた機能を有しているといえます。

乳酸球菌ならびに乳酸桿菌の生産するバクテリオシンについて、今日までに多くの報告がなされています。

ラクトコッカス・ラクチスの生産するナイシンはスイスチーズに対する芽胞形成菌の汚染防止のために最初に使用されました。以来今日までナイシンは食品の保存に広く用いられており、現在ではアメリカやイギリスなど九〇カ国で使用が認可されています。

ヨーグルトやチーズは独自の個性が確立された食品ですが、もともとは、腐りやすいミルクを乳酸菌の力を借りて貯蔵性を高めさせた元祖バイオプリザベーションであるともいえるのです。

健康維持に役立つ生きた微生物プロバイオティクス

生活習慣病予防への国民の関心の高まりから、今日、食品におけるより高い安全性や機能性の追及が活発になっています。その中にあって、乳酸菌やビフィズス菌を中心とした有用微生物がもっている能力の追及と食品への積極的な利用がなされていることはご承知のとおりです。近年、環境汚染物質や食物由来の有害物質が生体に対して弊害をもたらすことが指摘されていることから、すぐれた保健食品の摂取はいっそう大きな意味をもっています。

――プロバイオティクスとは

ところで、プロバイオティクスという言葉を確立させたのはイギリスの微生物生態学者、フラー博士です。彼は一九八九年に「腸管フローラバランスを改善することにより動物に有益な効果をもたらす生きた微生物」と定義しました。プロバイオティクスには抗変異原性、腫瘍抑制作用、血中コレステロール低減作用、血圧低下作用、病原菌に対する拮抗作用、腸管内有害物質の低下作用といった腸内環境改善作用などが期待され、さまざまな研究が今世界中でなされています。また、これらの効果をもつプロバイオティクスを添加したヨーグルトは、プロバイオティクヨーグルトと呼ばれ、機能性食品に分類されています。しかし、少しでも健康増進の効果があればどんな菌でもプロバイオティクスというわけではなく、次の七つの条件を満たしていなければなりません。

すなわち、

①安全性が十分に保証されていること、
②もともと腸内フローラの一員であること、
③胃液・胆汁などの酸に耐えて腸内に到達できること、
④腸内に付着し、増殖できること、
⑤人間に明らかに有用効果を発揮すること、
⑥食品などの形態で有効な菌数が維持できること、
⑦安価で容易に取り扱えること、

の七つです。

これらの中で特に重視されているのが、安全性と腸管粘膜への付着能力です。ヒトが生まれた時点から腸管に棲みついている乳酸菌やビフィズス菌の多くがプロバイオティクスとして求められている条件をほぼ満たしていることから、乳糖不耐症、便秘改善、急性胃炎、食物アレルギー、クローン病（末端回腸炎）、リウマチ関節炎、骨盤放射線治療への対応など、臨床的に広く用いられています。今日ではプロバイオティクスを利用した食品や生菌製剤などをプロバイオティクスと呼ぶことも一般化しつつあり、関心を集めています。

——疾病予防への期待

二十世紀、抗生物質が人類にもたらした恵みは計り知れないほど大きいものでした。しかし、一方、抗生物質に対する耐性菌の出現が新たな問題を惹起しています。これに対しプロバイオティクスは抗生物質のように幅広い治療的効果はあまり望めないものの、疾病予防の上で大きな期待がもたれ、二十一世紀はまさにプロバイオティクスの時代であるとする指摘もなされています。「予防にまさる健康法はない」とする見方を根拠にした考え方といえます。治療は医師の領域であり、ときに抗生物質の使用も必要です。予防こそ、われわれ一人一人ができる健康法です。プロバイオティクスの効果を十分に発揮させるためには、次項で述べるすぐれたプレバイオティクスの開発、そしてその両者を有機的に組み合わせることの有効性の追求（シンバイオティクス）も必要になってきています。

日本人の生活水準が向上するにつれて、食生活が多様化し、食品に対する考え方も変わってきました。かつて食料が不足していた時代には、栄養補給という一次機能が何より重要でしたが、次第に味覚や嗜好を満たすという二次機能が要求されるようになり、さらに飽食の時代といわれる昨今は、食品を通じて生活習慣病（成人病）や老化を予防したいという三次機能が求められるようになりました。

さて、図3―2（93ページ）は消化管内の環境に対して強い影響を与える四つの要因を図示したものです。つまり、①消化管の状態、②胃や腸の分泌液、③腸内に棲息するミクロフローラ、④摂取する食べ物を表しています。これらの条件のうち一つでも異変が起これば、腸内菌叢のバランスは崩れ、宿主の健康状態に影響を与えるおそれが出てきます。

腸内有用微生物の栄養源

――プレバイオティクスとは

プロバイオティクスの増殖を促進させる栄養源をプレバイオティクスと呼んでおり、一九八一年に、イギリスのロバーフロイド博士とギブソン博士によって提唱された言葉です。プロバイオティクスの活性を支える上できわめて重要な役割を果たしており、元気なプロバイオティクスは最良の餌によって培われるといっても過言ではありません。しかし、プレバイオティクスはヒトの腸管内で吸着されてエネルギー源になりにくいことが重要です。つまり、ヒトに余分なエネルギーを与えず、プロバイオティクスに対してのみ増殖を促すものであることが歓迎されます。現在多くのプレバイオティクスが知られていて、代表的なものを表5―3に示しました。

プレバイオティクスはショ糖をベースにしたオリゴ糖、デンプンなどの多糖類をベースにしたオリゴ糖、乳糖をベースにしたオリゴ糖それに糖アルコールに大別されます。宿主にとって消化されにくく、また吸収されない多くのプレバイオティクスが開発されています。

表5-2　プレバイオティクスとしての糖類

分類	種類
ショ糖をベースにしたオリゴ糖	フラクトオリゴ糖 ガラクトシルスクロース トレハロース　など
乳糖をベースにしたオリゴ糖	ガラクトオリゴ糖 ラクチュロース　など
デンプンその他の多糖を原料にしたオリゴ糖	イソマルオリゴ糖 ゲンチオオリゴ糖 キシロオリゴ糖 大豆オリゴ糖　など
糖アルコール	マルチトール ラクチトール エリスリトール　など

――絶妙な組み合わせ

プレバイオティクスとプロバイオティクスを有機的に組み合わせて摂取することはそれぞれを単独に用いるよりもプレバイオティクスが本来的にもっている有益性を十分に発揮させる上で有効な手段と思われます。この考え方に立って両者を適宜組み合わせたものをシンバイオティクスといいます。たとえば、難消化性のデキストリンを入れたヨーグルトベースに有効性がわかっている乳酸菌やビフィズス菌を培養させてつくった製品はシンバイオティクスの形態であり、お腹の中で乳酸菌やビフィズス菌を円滑に、かつ活発に増殖させることを意図したものといえます。また、ポテトデンプンはコメデンプンに比べるとヒトにとって難消化性であることから、ポテトチップスにプロバイオティクスを塗抹した製品もつくられています。これもシンバイオティクスを考慮に入れた製品ということができます。難消化性のオリゴ糖は大腸内の特にビフィズス菌によって利用されることが知られています。

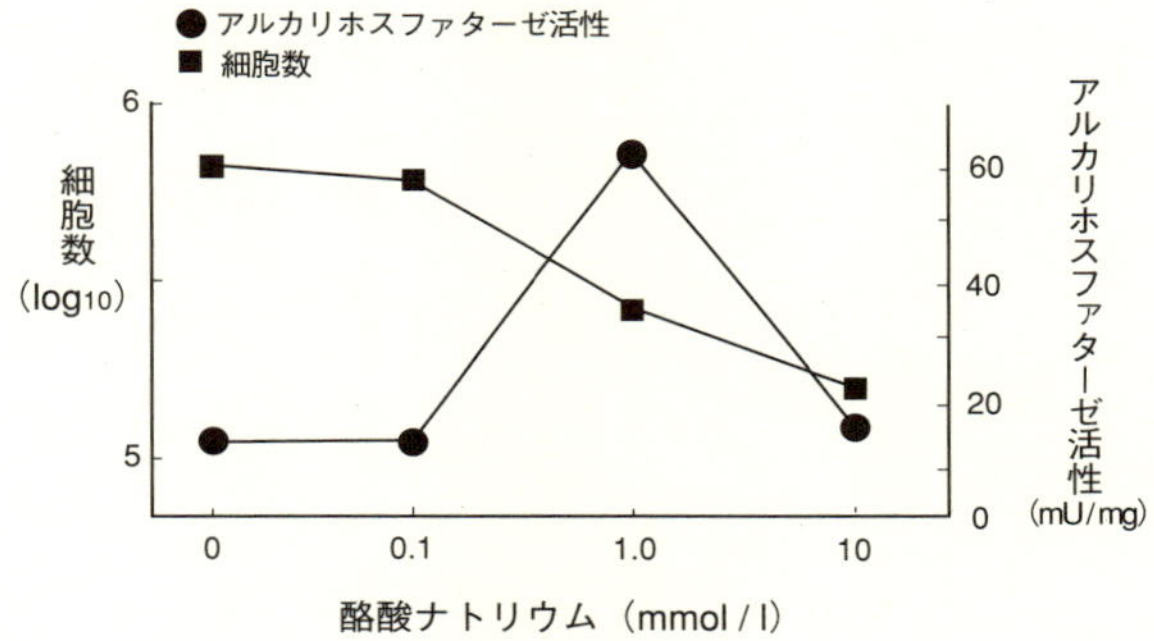

図5-3　酪酸によるガン細胞の増殖抑制（Givson & Young）

酪酸の濃度が増すと、ガン細胞の増殖が停止する。アルカリホスファターゼ活性は、細胞分化の度合いを示すもので、酪酸が細胞の分化を促していることがわかる。

——腸内の環境の改善

ところで、腸管内の細菌の構成を変えることにより、宿主の腸内環境を改善することができるところが、プロバイオティクスの素晴らしい点です。したがって、プロバイオティクスを円滑に増殖させる上でプレバイオティクスを摂取することは非常に効果のあることと思われます。たとえば、栄養源であるプレバイオティクスをプロバイオティクスといっしょに摂取することにより、腸管内に短鎖脂肪酸（酢酸、プロピオン酸、酪酸など）の濃度が増すこともわかっています。短鎖脂肪酸は大腸内のpHを低下させ、大腸内の細菌の有害な酵素活性を抑制します。さらに、短鎖脂肪酸である酪酸は結腸における発酵によっておもに産生され、ミトコンドリアによる酸化基質になったり、核酸代謝にも関与します。さらに、大腸において細胞増殖の制御や分化に酪酸が大きく関与し、ヒトの腸ガンに対する予防機能を発揮することがわかっています。図5―3は、腸ガン細胞系の組織培養における種々の濃度の酪酸ナトリウムの影響を調べた結果です。この図より、酪酸濃度が上昇すると、細胞の増殖が停止するのが認められます。この現象のみならず、今日では酪酸がいろいろな細胞系でその増殖を抑制することがわかっています。さらに、細胞増殖を停止させると同時に、酪酸が細胞の分化を誘導することもわかっています。通常、アルカリホスファターゼ活性を指標にして、細胞分化の度合を知る方法がとられますが、図5―3に示すように細胞増殖が鈍化するのと同時に、アルカリホスファターゼ活性が上昇するのが認められます。

プレバイオティクスはプロバイオティクスのもつすぐれた保健機能を最大限引き出すための脇役的存在として認識されがちですが、実は腸管微生物の健全性を発揮させる上では車の両輪としての役割を果たしているのです。

プロバイオティクスの保健効果

プロバイオティクスは繰り返し述べてきたように「宿主の健康維持に有益な働きをする微生物」として広義に定義されて用いられています。ビフィズス菌や多くの乳酸菌はプロバイオティクスとして求められている条件を満たしていることから、ヨーグルトや飲料さらには生菌製剤として今日広く利用されています。プロバイオティクスを用いたヨーグルトは一般的には図5―4に示すような保健効果を発揮することが明らかにされていますが、臨床的にも利用されており、まとめると次のとおりです。

①乳糖不耐症への対応

乳糖不耐症は腸管内におけるβ―ガラクトシダーゼの産生微弱または欠損が原因で起こる、下痢をおもな徴候とする病状をいいます。乳酸菌は乳糖不耐症への対応にすぐれた効果を有していることから、乳糖不耐症の症状軽減に発酵乳の飲用が奨められています。

②便秘改善への対応

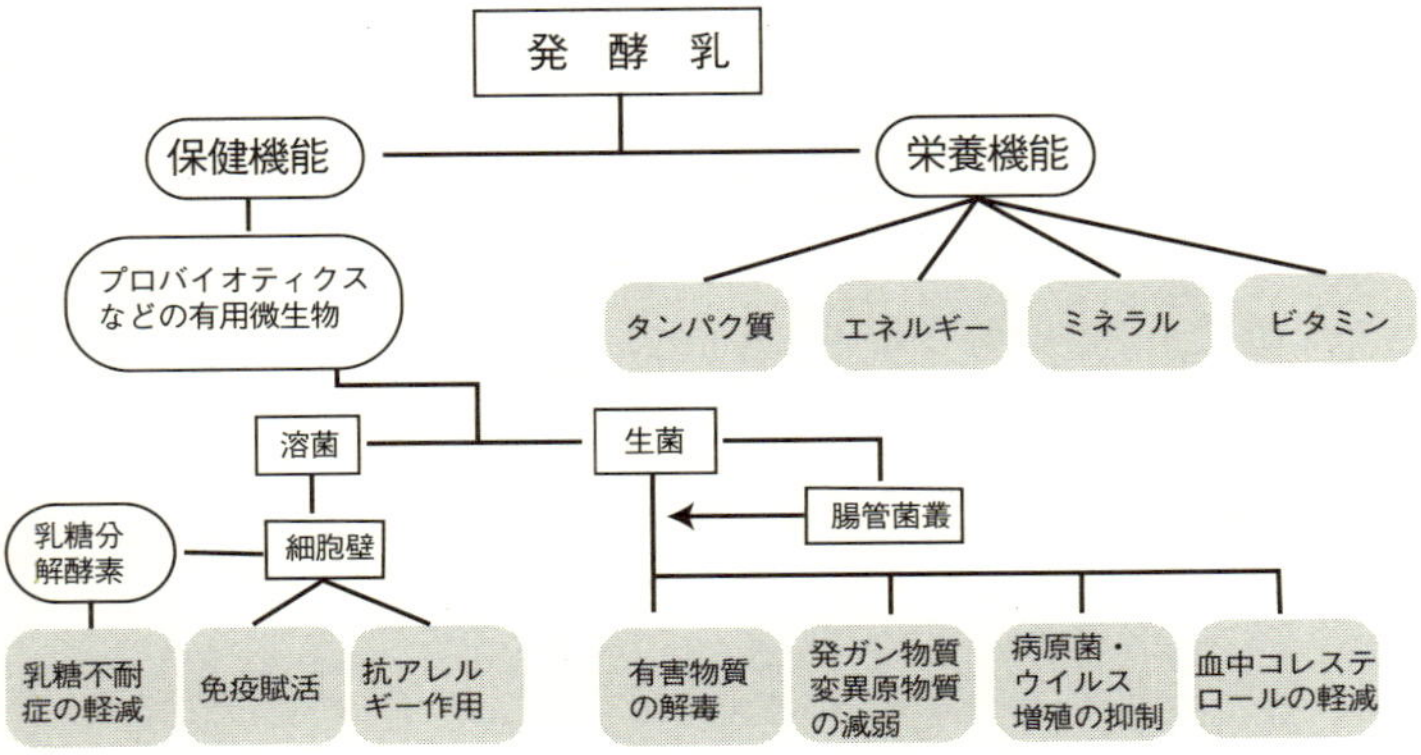

図5-4　発酵乳の保健機能と栄養機能

ビフィズス菌や乳酸菌をプロバイオティクスとして用いているヨーグルトには従来知られていた栄養機能とともに、さまざまな保健機能がある。

便秘とは一週に一〜三回ほどの排便回数の場合をいいます。便秘は不快、腹部膨張、直腸の異常空洞化などの症状を呈し、繊維やグルテンに乏しい食物などの摂取が原因になっています。腸管細菌の代謝を活発化させ、腸管内容物のpHを下げる働きにすぐれている乳酸菌やビフィズス菌は便秘改善の上で有効とされています。

③急性胃炎予防効果

子供に起こる急性下痢の原因はロタウイルスの場合がもっとも一般的であり、ロタウイルスが腸管上皮の繊毛を破壊するために下痢が起こると説明されています。これまでに乳酸菌やビフィズス菌がロタウイルスが原因で起こる下痢を食い止めるために用いられています。著しい効果を発揮することが知られている乳酸菌として、ラクトバチルスGGやビフィドバクテリウム・ビフィダムがあります。

④食物アレルギー

食物アレルギーは食物由来の抗原に対する免疫反応です。アレルギーは腸管繊毛を抗原が容易に通過することが引き金になって症状が起こります。これまでにラクトバチルスGGが食物アレルギーにすぐれた予防効果を発揮したことが報告されています。

⑤クローン病（末端回腸炎）の予防

クローン病は突発性慢性型の腸炎で、バクテリアやウイルスのような微生物や免疫の乱れが原因で発症します。ラクトバチルスGGを一〇日間投与してクローン病が治癒したことが報告されています。

⑥リウマチ関節炎予防

リウマチ関節炎の原因の一つに腸内微生物の不安定化が指摘されています。このためリウマチ関節炎の改善のためにラクトバチルスGG菌使用のヨーグルトを投与し、すぐれた効果があったことが報告されています。

⑦骨盤放射線治療への対応

放射線治療はガン治療の上で重要な手段となっていますが、治療の目的から骨盤に放射線を照射すると、腸管菌叢のバランスの乱れを惹き起こすことが知られています。そのための治療として、乳酸菌の投与が試みられていて、ラクトバチルス・アシドフィラスやビフィズス菌の投与が効を奏したことが報告されています。

⑧整腸への対応

乳酸菌は乳酸や短鎖脂肪酸を生成して、腸管内で悪害菌の増殖を抑制したり、また腸の蠕動《ぜんどう》を促すことはよく知られた事実です。

さらに、乳酸菌は酸素存在下でフラビン酵素の介在によって過酸化水素（H_2O_2）を生成します。過酸化水素は化学的に不安定な遊離基を生成させ、細菌の細胞膜脂質の酸化を促進し、細胞膜での物質透過性を増大させます。結果的に細胞内での酸化反応が異常に増大し、核や細胞タンパク質が本来の機能を消失させて細胞を死にいたらしめるのです。乳酸菌による過酸化水素の生成は腸管内での悪害菌の増殖を抑制する他、たとえば、膣炎予防の上からも重要な意味をもっています。

以上、プロバイオティクスが治療目的に利用されているおもな事例を述べてきましたが、プロバイオティクスはヨーグルトの形態で用いられる場合が多いようです。冒頭で述べたように、今日ではプロバイオティクスは「宿主の健康維持に有益な働きをする微生物」というように、単に腸管だけではなく身体全体の部位に治療もしくは予防効果が期待される場合もプロバイオティクスの言葉が用いられる場合が多くなってきました。虫歯予防や胃潰瘍予防さらには膣炎の治療にもヨーグルトの形態でそれらに特効のプロバイオティクスが用いられています。

食物繊維とプロバイオティクス

――食物繊維の役割

多様なオリゴ糖のようなプレバイオティクスと同様に、ヒト腸管でプロバイオティクスによる保健効果を発揮させるのに重要な働きをしているのが食物繊維です。食物繊維とは人の消化管で消化しにくい多糖類のことをいいます。もっとも一般的な食物繊維はセルロースですが、ヘミセルロース、ペクチン、グルコマンナン、リグニン、キチン、カラギーナン、粘液物などの高分子の多糖類で、今日では多くの食物繊維が見出され、利用されています。食物繊維を豊富に含む食品としては海草、大豆、穀類、キノコ、野菜、タケノコ、蒟蒻などがあげられます。

食物繊維は大別して水溶性と不溶性に分けられます。ペクチンやグルコマンナンなどは水溶性食物繊維の代表的なものです。それに対しセルロースやリグニンは不溶性食物繊維です。いずれの食物繊維とも人の消化管では消化されないため、口から入ってそのまま大腸に到達します。消化管を移動する過程で食物繊維はプロバイオティクスに対して増殖しやすい環境を整えます。不溶性食物繊維は腸内細菌に利用されにくい性状をもっていますが、腸のpHを酸性に傾け、便秘を防ぐと同時に、便量を増加させ腸管内の有害物質をうすめる効果があり、かつ便量が増加することで物理的な排便の促進、腸管通過時間の短縮などになり、有害物質の腸管壁への接触の機会を減らします。また、水溶性の食物繊維は腸内細菌によって利用されるため、難消化性オリゴ糖と同様な効果が期待されますが、その作用のメカニズムは難消化性オリゴ糖の場合よりも複雑かつ多様です。

——水溶性食物繊維の役割

科学的に明らかになっている水溶性食物繊維のおもな機能として次の五点があげられます。

①エネルギー摂取軽減作用

水溶性食物繊維は難消化性デンプンと同様、腸内細菌によって発酵されると一g当たり二キロカロリーほどのエネルギーの損失が生じ、砂糖のもつエネルギーの約半分と推算されています。したがって、砂糖の代わりに摂取することはエネルギー摂取抑制の上で効果が期待されます。

②血糖値調節作用

不溶性食物繊維と同様、水溶性食物繊維は人の消化管では消化酵素による分解を受けないため、摂取による血糖値の上昇はまったく起こりません。したがって、インスリンを消耗することもありませんし、糖の吸収抑制にも効果を発揮します。糖尿病対応の上ですぐれた治療効果を発揮することがわかっています。

③整腸作用

水溶性食物繊維は整腸の上ですぐれた効果を発揮します。整腸とは腸の消化、吸収、蠕動などの機能を調整することを意味し、便通改善、腸内フローラの改善、有害物の吸収抑制と排出などの効果が期待されます。特に、有害物の吸収抑制と排出は大腸ガンの予防の上で大きな効果があります。

④ミネラルの腸管吸収促進作用

食物繊維や難消化性デンプンの摂取により、腸管のpHが低下してカルシウム、鉄、マグネシウムといったミネラルの吸収が促進されます。とりわけカルシウムやマグネシウムは骨の形成には欠かすことのできないミネラルで、食物繊維は骨粗鬆症《こつそしょうしょう》の予防の面で間接的な役割を果たしています。ヨーグルトではカルシウム自体が乳酸カルシウムの形態になっており、食物繊維の介在により腸管壁での吸収がいっそう促進されることになります。

⑤血中脂質調節作用

血清コレステロールの低下、中性脂肪の低減、血圧上昇抑制の上で食物繊維は間接的な効果を発揮しています。腸内細菌によって食物繊維が栄養源として利用されて、短鎖脂肪酸である酢酸やプロピオン酸が生成します。これらの短鎖脂肪酸は腸管のpHを下げるのに貢献すると同時に、プ

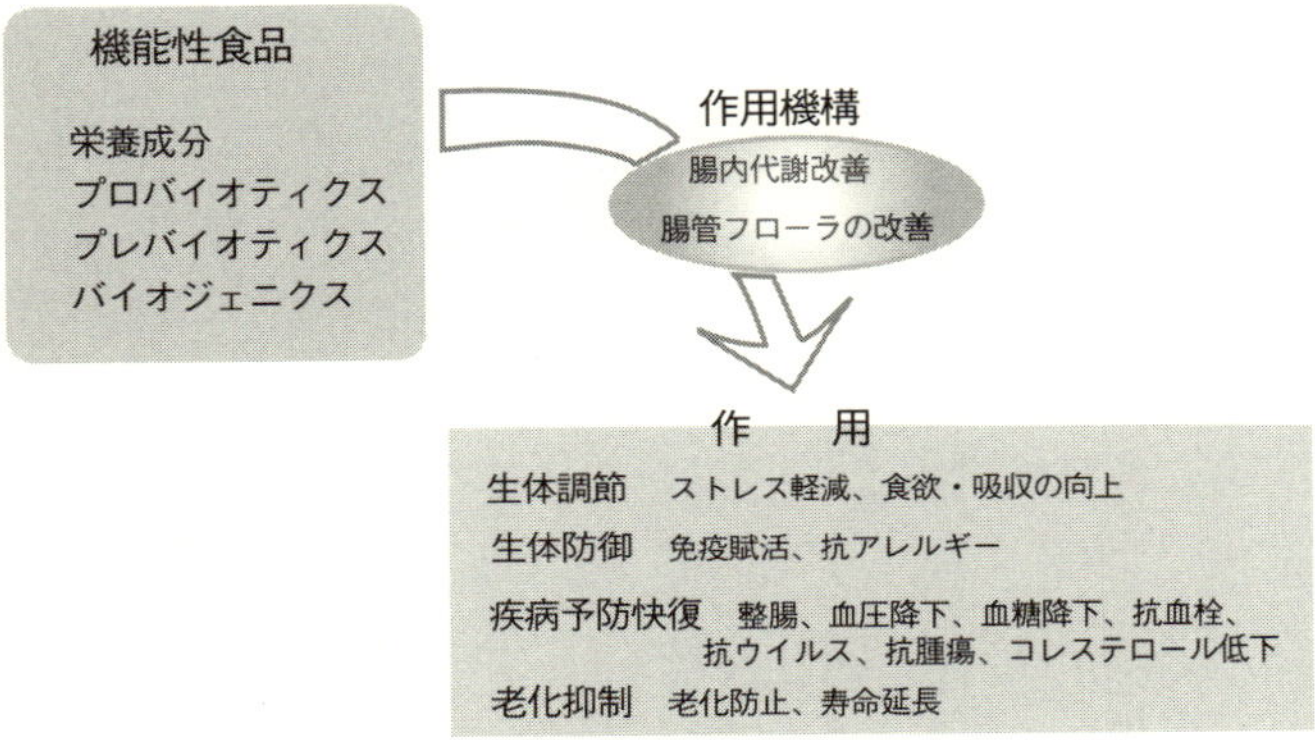

図5-5　機能性食品の作用機構

ロピオン酸が血清コレステロールを低下させる働きを発揮します。

食物繊維はオリゴ糖や難消化性デンプンとともに代表的なプレバイオティクスですが、プロバイオティクスを支える重要な役割を果たしています。近年バイオジェニクスという言葉が光岡知足博士によって提唱され、プロバイオティクス、プレバイオティクス、バイオジェニクスは新たな機能性食品をつくり出す観点からきわめて重要な時代的キーワードになっています。バイオジェニクスは腸管フローラを介することなく、直接免疫力を高め、コレステロール低下作用、整腸作用、抗腫瘍効果などを発揮する食成分を指しています。機能性食品の作用機構をプロバイオティクス、プレバイオティクス、バイオジェニクスの視点でみると図5―5に示すとおりです。

6章　ヨーグルト天国日本

「発酵乳」と「はっ酵乳」

――法律が定めるヨーグルト

今日では発酵乳といえばヨーグルトを意味するくらいに世界中でヨーグルトはその名を馳せていますが、わが国でも牛乳に微生物が増殖したものをヨーグルトと呼んでしまう場合が多いのです。そのため、「ヨーグルトきのこ」といった名称のものが出現したり、「ケフィール」と「ヨーグルト」の呼称上の区別が不明確になったりする混乱も一部に生じています。また、すべての発酵乳についてその保健機能が科学的に証明されたわけではないのですが、発酵乳の原料になる牛乳の栄養の完全性、そして乳酸菌やビフィズス菌などの有用細菌がもつ安全性とヒトの健康に対するすぐれた機能性を根拠に、いかなる種類の発酵乳に対しても、その栄養的、保健的機能を等しく評価する場合が多いのです。

しかし、栄養的、保健的機能といった質の面からヨーグルトをみると、あらゆる発酵乳を無批判で同一視することには問題があるように思われます。さらに、もともと、ヨーグルトのつくり方は、使用する発酵微生物、発酵時間、調製されたヨーグルトベースなどによっていくらでも変えうることですし、衛生面での配慮もばらばらになりがちだからです。

そうしたことによる製品の不統一や事故を避けるために、わが国ではヨーグルトが衛生的な製造や流通がなされるように、また使用される微生物が一定以上の生菌数で存在するように常に監視し、ヨーグルトの質が決められたレベル以上に保たれることを法律で決めています。さらに、公正な自由競争と公正な取引のルールが成り立つ中でヨーグルトが流通されるようになっています。

――憲法二五条と省令

わが国の法律の基本は憲法であり、食品衛生関係法規はすべて、憲法二五条「すべての国民は、健康で文化的な最低限の生活を営む権利を有する。」および同条二項「国は、すべての生活部面について、社会福祉、社会保障、及び公衆衛生の向上及び増進に努めなければならない。」を受けて制定されています。食品衛生関係法規の中で代表的な法律である「食品衛生法」も憲法二五条の傘下にあることはいうまでもありません。

法律には、これにもとづく政令、省令、告示、都道府県規則があり、その他地方自治体の条例も含めて法令といっていますが、実は牛乳・乳製品に関することは、省令で規制されています。省令とは、法律もしくは政令の特別の委任にもとづいて発する命令、つまり施行規則のことをいいます。「食品衛生法」の場合、厚生労働大臣が発する「乳及び乳製品の成分規格等に関する省令」がそれに該当し、通称「乳等省令」と呼んでいます。「乳等省令」はわが国における牛乳・乳製品の衛生面のすべてを規制したものであり、各メーカーもこれを忠実に遵守することが義務づけられています。

――法的表記は「はっ酵乳」と「発酵乳」

「乳等省令」ではヨーグルトは「はっ酵乳」または「発酵乳」とすることを法的表記に定めて公正取引の原則としています。「発」、「醗」、「醱」といくとおりも書き方のある字の乱用を避け、「はっ」もしくは「発」と定めている点も緻密です。乳等省令では「はっ酵乳」は「乳又はこれと同等以上の無脂乳固形分を含む乳等を乳酸菌または酵母ではつ酵させ、糊状又は液状にしたもの又はこれらを凍結させたものをいう」と記載され、「乳酸菌飲料」は「乳等を乳酸菌または酵母ではつ酵させたものを加工し、又は主要原料とした飲料をいう」と記載されています。表6―1に乳等省令

表6-1　発酵乳・乳酸菌飲料の乳等省令による規格

<table>
<tr><th colspan="2">種類</th><th>発酵乳</th><th colspan="2">乳酸菌飲料</th></tr>
<tr><td colspan="2" rowspan="2">定義</td><td rowspan="2">乳又はこれと同等以上の無脂固形分を含む乳等を乳酸菌又は酵母で発酵させ、糊状又は液体にしたもの又はこれらを凍結したものをいう。</td><td colspan="2">乳等を乳酸菌又は酵母で発酵させたものを加工し、又は主要原料とした飲料（発酵乳を除く。）をいう。</td></tr>
<tr><td>乳製品乳酸菌飲料</td><td>乳等を主原料とする食品</td></tr>
<tr><td rowspan="2">成分規格</td><td>無脂乳固形分％*1</td><td>8.0％以上</td><td>3.0％以上</td><td>3.0％未満</td></tr>
<tr><td>乳酸菌数又は酵母数（1ml当たり）*2</td><td>1,000,000以上</td><td>1,000,000以上
ただし、発酵させた後において、摂氏75度以上で15分間加熱するか、又はこれと同等以上の殺菌効果を有する方法で加熱殺菌したものは、この限りでない。</td><td>1,000,000以上</td></tr>
<tr><td colspan="2">大腸菌群*3</td><td>陰性</td><td>陰性</td><td>陰性</td></tr>
<tr><td colspan="2">製造の方法の基準</td><td>a　原水は飲用適の水であること。
b　原料（乳酸菌、酵母、発酵乳及び乳酸菌飲料を除く。）は、摂氏62度で30分間加熱殺菌するか、又はこれと同等以上の殺菌効果を有する方法で殺菌すること。</td><td colspan="2">a　原液の製造に使用する原水は、飲料適の水であること。
b　原液の製造に使用する原料（乳酸菌及び酵母を除く。）は、摂氏62度で30分間加熱殺菌するか、又はこれと同等以上の殺菌効果を有する方法で殺菌すること。
c　原液を薄めるのに使用する水等は、使用直前に5分間以上煮沸するか、又はこれと同等以上の効力を有する殺菌操作を施すこと。</td></tr>
<tr><td colspan="2">備考</td><td colspan="3">発酵乳であって糊状のもの又は凍結したもの及び乳酸菌飲料であって殺菌したものには防腐剤を使用しないこと。</td></tr>
</table>

＊1　無脂乳固形分の定義と測定法は乳等省令に定められている。

＊2　乳酸菌数は乳等省令で定められた方法で菌数を計数する。

＊3　大腸菌数の検出は乳等省令で定められた、デソキシコレート寒天培養を用いる。

で定める「はっ酵乳」と「乳酸菌飲料」の規格を示しました。

はっ酵乳と乳酸菌飲料は上述の乳等省令の他に、実際に製品として販売される場合にしたがうべきもう一つの規定があります。それは「発酵乳、乳酸菌飲料の表示に関する公正競争規約」と呼ばれるものです。公正競争規約は公正競争と公正規約施行規則から構成されており、「景品表示法」にもとづき、乳業者または事業団体が自主的に設定する業界のルールです。商品名、容器または包装などにかかわる表示や栄養表示をおこなうと同時に、不当表示の禁止措置もとられています。

市販ヨーグルトのつくり方

ヨーグルトは発酵乳の一般名であり、ヨーグルト発酵乳（はっ酵乳）は同意で用いられますので、ここでもヨーグルトという言葉で説明します。

――ヨーグルトの種類

原料となるヨーグルトベース（原料乳や糖質などを調合したもの）を容器に入れて発酵させる静置型（後発酵型）と、発酵乳ベースをタンク内で攪拌しつつ発酵させてから容器に充填する攪拌型（前発酵）の二とおりがあります。前者でつくられたヨーグルトにはプレーンヨーグルトやハードヨーグルトがあり、また後者によりつくられたものにはソフトヨーグルトやドリンクヨーグルトがあります。ヨーグルトベースとして、還元乳、糖類（砂糖、ブドウ糖）、安定剤（アルギン酸、ペクチンなど）それに必要に応じて各種果汁が加えられます。

通常、スターター（種になる菌）にはブルガリカス菌とサーモフィラス菌の二種類を混合した乳酸菌を用いるのが一般的です。しかし、乳等省令では使用する微生物は乳酸菌または酵母となっていますので、原則として乳酸菌または酵母であればなにを用いてもよいことになります。このことはわが国のヨーグルトが多様であることの大きな理由になっていて、さまざまのプロバイオティクスが用いられる根拠にもなっています。その意味では日本の消費者は世界一機能性に富んだヨーグルトを食べているかもしれません。

――ヨーグルトの製法

以下に工場レベルでのさまざまなタイプのヨーグルトの製造法について説明したいと思います。

（1）プレーンヨーグルト

乳と乳製品だけを原料に用いてつくるヨーグルトをプレーンヨーグルトといいます。図6―1に製造工程を示しました。殺菌は通常八五～九五℃で一〇～一五分おこないます。発酵時間は容器に入れた後おこなうので短時間が望ましいとされ、だいたい三七～四五℃で四時間前後です。

（2）ハードヨーグルト

ハードヨーグルトはその名のとおり硬度のあるヨーグルトで、砂糖や香料を使用して味覚的にも配慮がなされています。硬度を上げるために、ゼラチンや寒天が用いられ、食べやすいのが特徴です。後発酵型が一般的ですが、発酵乳に安定剤を添加して、容器に入れてから固化させる場合もあ

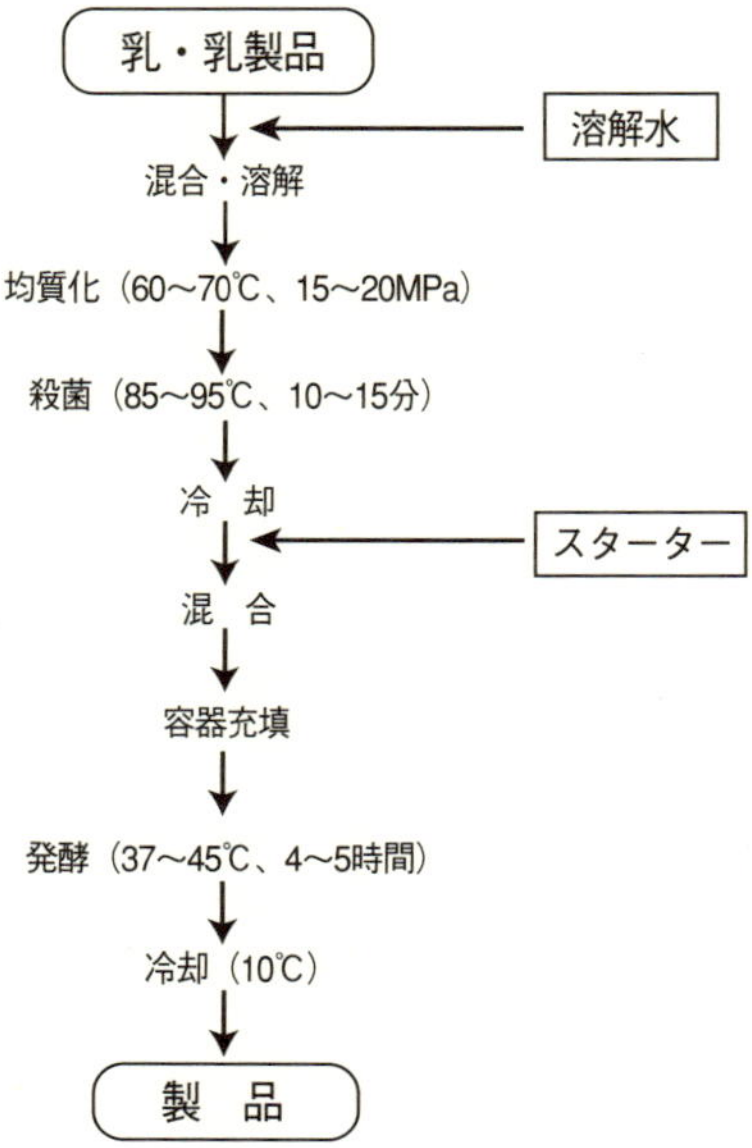

図6-1　プレーンヨーグルトの製造工程

ります。殺菌は九〇℃、一五分～一三〇℃、二秒でおこないます。発酵は四〇～四五℃で四～五時間です。

（3）フルーツヨーグルト

前発酵させたヨーグルトにフルーツの切片を均一に混ぜて容器に充填するタイプ（スイスタイプといいます）と、フルーツが容器の底に沈んでいるタイプの二とおりがありますが、スイスタイプのヨーグルトに人気が集中する傾向があります。フルーツヨーグルトではカード（凝固状態のミルクタンパク質のことをいいます）を砕いた後の粘度がある程度必要ですので、安定剤としてゼラチンやデンプン、ペクチンなどが用いられる他、タンパク質の濃度を高める場合があります。殺菌は八五～九五℃で一〇～一五分でおこない、発酵は三五～四五℃で四～二〇時間です。用いるフルーツにより発酵時間が違ってきます。

（4）ドリンクヨーグルト

図6―2に製造工程を示しました。ドリンクヨーグルトはハードヨーグルトと並んでヨーグルトを代表する製品です。液状の分離や沈殿を起こさせないためにペクチンなどの安定剤が用いられることがあります。殺菌は九〇℃で一五分、一一五℃で一五秒、さらには一三〇℃で二秒などさまざまです。発酵時間は三五～四五℃で四～一六時間です。

(5) 乳酸菌飲料

脱脂乳を乳酸菌で発酵させ、発酵後カードを砕き、砂糖を一・〇～一・五倍量加えて殺菌し、香料を入れて製品とするものをいいます。五～六倍に薄めて飲用するもので、日本では特に夏に冷たいこの種の飲料がおおいに愛飲されています。

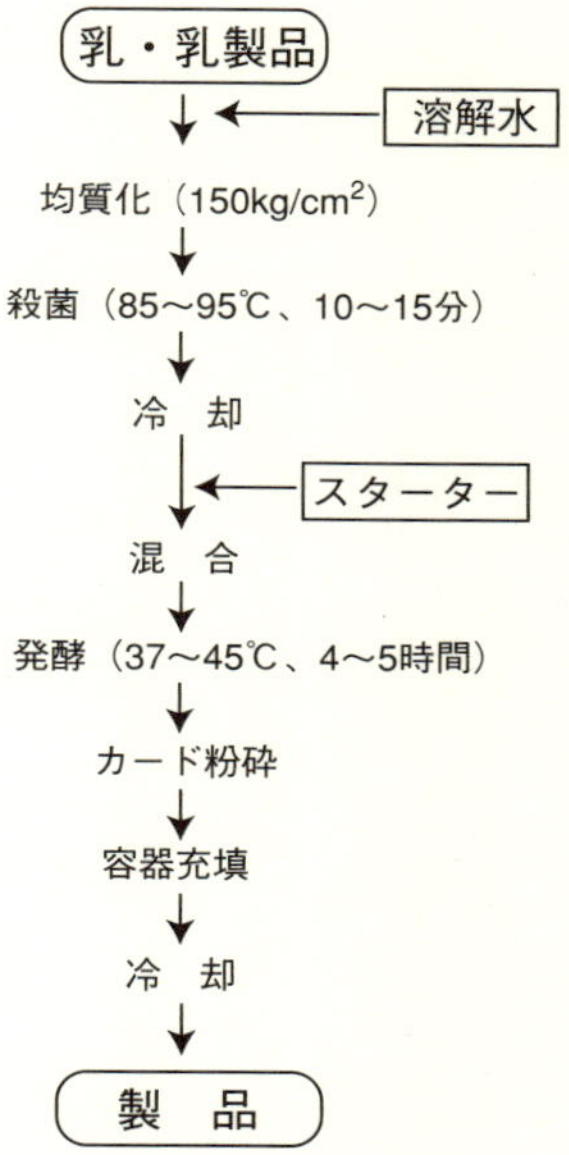

図6-2　ドリンクヨーグルトの製造工程

その他の乳酸菌飲料として、乳酸菌やビフィズス菌を脱脂乳で培養したのち液状にし、これに酵母エキス、クロレラ、砂糖、安定剤、香料などを加え、適宜水分を調整して製品としたものがあります。

世界のヨーグルトを監視するコーデックス委員会

――食品の国際貿易を守るコーデックス委員会

ヨーグルトは国内では「乳及び乳製品の成分規格等に関する省令」（乳等省令）と「発酵乳、乳酸菌飲料の表示に関する公正競争規約」の規格遵守と監視体制の中でつくられ、販売されていることはすでに述べてきたところです。一方、国際社会の中でのヨーグルトの規制はどうなっているかといいますと、国際機関としてのコーデックス委員会がヨーグルトの規格を定めています。今日、グローバル化が進む中でヨーグルトの規格もコーデックス委員会が定める国際規格に整合させることが求められてきていることも事実です。

さて、このコーデックス委員会ですが、正式名称をFAO／WHO合同食品規格委員会（Joint FAO/WHO Codex Alimentarius Commission）といい、一般には省略してCACと呼ばれています。二〇〇三年二月四日現在、日本を含め一六八カ国が加盟しています。「Codex」とは、ラテン語で「聖書・古典などの古い写本」ということで、英語のCodeの意味に相当します。また、

Alimentariusもラテン語で、栄養とか食事ということですが、ここでは「食品」という意味に用いられています。

一九九五年一月のGATT（関税と貿易に関する一般協定）ウルグアイラウンドの最終合意にもとづいて設立されたWTO（世界貿易機関）において、食品に関してFAO（世界食糧農業機関）とWHO（世界保健機関）を上部機関とするコーデックス食品規格委員会が再スタートしました。全世界の人々の健康を保護するとともに、公正な食品の国際貿易を確保することを目的として、このコーデックス食品規格委員会が食品規格計画を策定することになっています。この背景には世界的に食品の貿易量が増大し、各国間の食品に関する規制の違いによるトラブルが目立って増えてきたことがあげられます。

――国際食品規格集

CACの主要な作業は、下部組織で検討された規格基準をもとに、国際食品規格集（Codex Alimentarius）を作成することです。国際食品規格集の中には発酵乳（Fermented milk）の規格と、発酵乳のうちヨーグルト、アシドフィラスミルク、マイルドヨーグルトの規格、および濃縮発酵乳（レバンなど）、複合発酵乳製品（ジュースやジャムなどを添加した発酵乳）の製造・加工時に遵守すべき衛生規範やガイドライン、勧告なども含まれています。

コーデックス食品規格委員会が定める「発酵乳規格」は次のように定義されています。つまり、「ブルガリカス菌およびサーモフィラス菌の作用により、規定された乳および乳製品を乳酸発酵して得た凝固製品をいい、任意添加物の添加は随意である。最終乳製品中には、これらの微生物が多量に存在していなければならない」となっています。この定義は日本の規格と大きな違いはありませんが、ヨーグルトは「サーモフィラス菌およびブルガリカス菌の共生カルチャー」を使用することが必須になっています。日本では、ブルガリカス菌とサーモフィラス菌を用いなくてもヨーグルトということが多々ありますので、その意味では国際規格とは一致していません。

なお、ヨーグルトの品質検査方法については、日本国内では乳等省令に記載されている公定法にしたがう必要があります。公定法を中心にまとめられた試験に関する詳細な実務書も刊行されています。さらに、国際標準試験法としてはＩＤＦスタンダードがあります。ＩＤＦとは、国際酪農連（International Dairy Federation）のことで、一九〇三年に設立された国際団体です。日本もＩＤＦに加盟しており、その組織名は国際酪農連盟日本国内委員会といいます。国際的な標準分析法を記したものとしてＡＯＡＣ（Association of Official Analytical Chemists）やＩＳＯ（International Standard Office）が有名ですが、現在ＩＤＦ／ＡＯＡＣ／ＩＳＯの共通化が進んでいます。

ヨーグルトを上手に活かす
——菌の定着性と摂食量

「どのくらいを目処《めど》にヨーグルトを食べればよいか」という質問をよく受けます。この質問に対し、筆者は次の三点を答えています。

①特定保健用食品に認定されているヨーグルトは一日に食べるおおよその量が容器に印刷されているので、それを目処にすること。また、認定されていない製品については認定製品に示された量を一応の目処にして、食べる量は自分で決めること。

②どのヨーグルトにするか、またどのようにして食べるかについては自分の健康状態もあるので、自分の判断で決めること。他人の食べ方はあくまでも参考程度に留めること。わからない場合は専門家のアドバイスを受けること。

③毎日食べること。

この三つの答えのうち、「毎日食べること」の理由は、ヨーグルトに入っている乳酸菌やビフィズス菌は腸管内での定着性があまりよくないとする指摘があるからです。つまり、私たちのお腹では生まれたときから棲みついている細菌に対しては身体と同質のものとして市民権を与えていますが、生後しばらくしてから入ってきた細菌に対しては、たとえそれが有用菌であってもなかなか市民権を与えようとはせず、新参者を排除しようとする警戒心の強い一面をもっています。さしものヨーグルトの乳酸菌も居心地が悪くなり、体外脱出を余儀なくされ、早々に腸管を通過してしまいます。したがって、繰り返し、繰り返し意欲的にヨーグルトを摂取しなければ、大した効果も期待できずに終わりかねないことになるからです。

ヨーグルトとうまくつき合うには、いつも朝食時に朝食のメニューとして食べるといったパターンを決めておくのも一つの工夫です。なお、家庭用冷蔵庫に入れておけば、表示された賞味期限までは菌数は高いまま維持されますし、仮にその間にホエイが浮き上がってきても品質になんら支障をきたすものではありません。

なお、筆者の場合は特定保健用食品の認定を受けたプレーンヨーグルトにきな粉を二〇%程度加え、一〇〇〜一五〇ml、毎日朝食前に食べています。少なくともここ二〇年間は、年齢相応の健康感をもっていることだけは確かです。しかし、健康である意識を持ち続けていられることをヨーグルトのみに帰着させてはいません。あらゆる食品に対し一点豪華主義が成り立たないことは当然だからです。一日に摂取する食べ物の栄養バランスや摂取エネルギーへの配慮はもちろんのこと、運動量の多寡や喫煙や飲酒の程度、さらには健全なライフスタイルを貫くための自己管理やストレスを溜め込まない努力の有無などが健康に大きく左右する要因であることを忘れてなりません。つまり、健康づくりにマイナスに働く部分を極力減らしながら、プラスになることは努めて取り入れることがきわめて重要です。

——「知食」、「賢食」の心得

近年、アメリカでは「スリーアデイ（3 A Day）」という言葉が喧伝され、関係各方面に波紋を投げかけています。このことの意味は、「強い骨をつくるために、一日三サービング（品目と量）の乳製品を摂取しよう」と呼びかける乳製品販売促進キャンペーンで、ミルクとチーズとヨーグルトを指しています。もとは「ファイブアデイ（5 A Day）」を真似てつくられた言葉です。ファイブアデイとは、アメリカでガンが死亡原因のトップになり、発ガン原因の三五％を占める食習慣を改善させることを急務として提案された国民健康増進運動のことをいいます。一九九一年、アメリカのＰＢＨ（農作物健康増進基金）とＮＣＩ（アメリカ国立ガン研究所）の協力で始められました。その運動には「健康増進のために一日五サービング以上の野菜と果物を食べましょう」のスローガンが掲げられたのです。日本でも農水省は、二〇一〇年までに一日に三五〇g（年間約一二七kg）の野菜を摂取するという目標を掲げていますが、現状は一人一日当たりの野菜・果物の摂取量はまだまだ不足しています。

今日、アメリカではスリーアデイはファイブアデイを換骨奪胎させただけで、科学的根拠よりも商魂が先走ったものであり、ファイブアデイ事業に著しい悪影響を与えるものとして、事業中止要請が出されていると聞いています。しかし、「ミルク、チーズそれにヨーグルトをもっと摂取しよう」とするキャンペーン自体は間違いではなく、とりわけ日本人には意味あるメッセージだと思います。

「食べること」の究極的な到達目標は食生活教育「食育」の完成にあることを民族学者である石毛直道氏がいっています。「食育」とは、機能性にすぐれた食物には何があるかを知る（「知食」）だけではなく、それらをどのように食べるかを知る（「賢食」）行為をいいます。

石毛氏の言にしたがい、ヨーグルトを例にとれば、「知食」にとどまらず、「賢食」に一歩足を進めて、ヨーグルトを食べることがそのもつ保健効果を最大限に取り出す秘訣といえましょう。それこそ、ヨーグルトとの上手な付き合い方といえます。

あとがき

国際酪農連盟（ＩＤＦ）関連の会議で最近ベルギーのブリュッセルを訪れました。ベルギーの総面積は約三万km^2で、四国の面積の約一・五倍程度です。行政区分は三つの地域政府からなっていて、それらはフランダース地域政府、ワロン地域政府、それにブリュッセル首都圏地域政府です。ベルギーには修道院で生まれた多種多様のチーズがありますが、フランダース地域政府に属するリンブルグ州にはリンブルガーチーズと呼ばれる臭いのきつい伝統の軟質チーズがあります。このチーズはブレビバクテリウム・ライネンスというタンパク質の分解性の強い細菌と酵母が熟成に関与してつくられます。

このたびのベルギー出張の際にリンブルグ州の州都ハッセルトを訪れましたが、ちょうどその日が祭日であることを知らずにこの町を訪れたために、リンブルガーチーズに出会えぬままブリュッセルに戻りました。とても残念に思いました。というのも、今から三五年前になりますが、私はこのチーズの風味について研究していた時期がありました。研究の過程で、カタベリンとかプトレシンといったポリアミンと呼ばれる物質が、このチーズに多量に生成することを見出しました。その頃、ポリアミンがリンブルガーチーズに限らず他のチーズにも存在することはまったく報告がなされておらず、論文にまとめて投稿した際、レフェリーの先生方からポリアミンがチーズに存在することはあり得ないこととして掲載が拒否された辛い思い出をもっています。

それから三〇年が過ぎた今、ポリアミンの摂取と長寿には密接な関係があるのではないかとする推測が医学界でなされるようになりました。私たちの身体に存在する免疫細胞中に動脈硬化症を促進させるLFA―1分子とそれを抑制させる62L分子があることが見出され、ポリアミンはLFA―1分子を抑制して62L分子を増強させるというものです。やがて、ヨーグルトでもポリアミンが乳酸菌によって生成されることが報告されるようになってきました。科学の進歩とはこのようなものだとつくづく思った次第です。

ヨーグルトが不老長寿に関係しているとした推理は、しばらくの間は世界中の科学者がその関係を明らかにしようとしてたくさんの実験をおこないましたが、期待するようないい結果が得られない時期が長く続きました。今日では乳酸菌やビフィズス菌の培養法や分析機器が長足の進歩を遂げ、ヨーグルトのもつすぐれた保健効果の一つ一つが、科学的手法により着実に明らかにされてきつつあります。何事もその真価がわかるまでには時間がかかるものです。

ヨーグルトがすぐれた保健効果をもっているという科学的知見を背景に、多くの人々がヨーグルトに対する関心を深め、かつヨーグルトの消費が年ごとに伸びてきていることは、たいへん喜ばしいことです。

ヨーグルトを愛好している方々やこれからヨーグルトを食べてみようと思っておられる方々が本書を通じてヨーグルトに関する知見をいっそう深くし、「?」が「!」になっていただける部分が少しでもあるならば著者としてこの上もない幸せです。

また、本書をまとめるに当たり、多くの図書を参考にさせていただきました。参考にさせていただいた本を巻末に列記し、御礼とさせていただきます。

細野　明義

甲申夏日　信州小諸にて

おもな参考文献

足立　達著：『ミルクの文化史』東北大学出版会、一九九八
足立　達著：『乳製品の世界外史』東北大学出版会、二〇〇二
石毛直道著：『東アジアの食の文化』平凡社、一九八一
石毛直道・和仁皓編：『乳利用の民族誌』中央法規出版、一九九二
上野川修一・菅野長右ェ門・細野明義編：『ミルクのサイエンス』全国農協乳業協会、一九九四
上野川修一編：『乳の科学』朝倉書店、一九九六
神邊道雄著：『驚異のヨーグルト』講談社、一九八一
窪田喜照著：『日本酪農史』中央公論事業出版、一九六五
廣野　卓著：『古代日本のチーズ』角川書店、一九九六
小崎道雄編：『乳酸菌の文化譜』中央法規出版、一九九六
小崎道雄著：『乳酸菌』八坂書房、二〇〇二
小崎道雄・佐藤英一編『乳酸発酵の新しい系譜』中央法規出版、二〇〇四
中澤勇二・細野明義編：『発酵乳の機能』食品資材研究会、一九九八
細野明義編：『発酵乳の科学』アイケイコーポレーション、二〇〇三
細野明義・沖中明紘・吉川正明・八田　一編：『畜産食品事典』朝倉書店、二〇〇三

おもな参考文献

乳酸菌研究集談会編：『乳酸菌の科学と技術』学会出版センター、一九九六

光岡知足著：『ヨーグルト』日本放送協会、一九九三

光岡知足著：『健康長寿のための食生活』岩波書店、二〇〇三

森地敏樹・松田敏生編：『バイオプリザベーション』幸書房、一九九九

矢澤好幸著：『乳の道標』酪農事情社、一九八八

吉川正明・細野明義・中澤勇二・中野　覚編：『ミルクの先端機能』弘学出版、一九九八

Cogan, T. M. and Accolas, J. P.：Dairy Starter Cultures, Wiley-VCH, 1996.

Fox, P. F. ed.：Advanced Dairy Chemistry, Marcel Dekker, Inc., 1998.

Fuller, R. ed.：Probiotics, Chapman & Hall, 1992.

Fuller, R. ed.：Probiotics 2, Chapman & Hall, 1997.

Hoover, D.G. and Steenson, L. R.：Bacteriocins of Lactic Acid Bacteria, Academic Press, 1993.

Kosikowski, F. V. and Mistry, V. V.：Cheese and Fermented Milk Foods, Vol.1-2, F. V. Kosikowski-L. L. L., 1997.

Roginski, H., Fuquay, J. W. and Fox, P. F. ed.：Encyclopedia of Dairy Science, Vol.1-4, Academic Press, 2002.

Salminen, S. and Wright, A. V.：Lactic Acid Bacteria, Marcel Dekker, Inc., 1993.

Tamime, A. Y. and Robinson, R. K.：Yoghurt Science and Technology, Woodhead Publishing Ltd., 1999.

Wood, B. J. B. ed.：The Lactic Acid Bacteria in Health and Disease, Elsevier Applied Science, 1992.

索　引

【カ　行】

索　引

【ナ　行】

【ハ　行】

索　引

著者略歴

細野　明義（ほその・あきよし）

1938年北海道生まれ。東北大学農学部卒業。東北大学大学院農学研究科博士課程中退。1965年信州大学農学部助手。同学部助教授、教授、同大学大学院農学研究科教授を経て、2003年退官。信州大学名誉教授。農学博士。現在、（財）日本乳業技術協会常務理事、国際酪農連盟日本国内委員会常任幹事。乳製品関連の有用乳酸菌に関する研究に長年従事。日本農学賞・読売農学賞などを受賞。

著書：『発酵乳の科学』（編著、I＆Kコーポレーション、2002）、『畜産食品の事典』（共編著、朝倉書店、2002）、『Encyclopedia of Dairy Science』（共編、Academic Press、2002）、『畜産加工』（共著、朝倉書店、1989）『長寿と健康 乳酸菌とヨーグルトの保健効果』（幸書房、2003）など多数。

ヨーグルトの科学　乳酸菌の贈り物

2004年8月25日　初版第1刷発行

著　者　細野　明義
発行者　八坂　立人
印刷・製本　モリモト印刷㈱

発行所　㈱八坂書房
〒101-0064　東京都千代田区猿楽町1-4-11
TEL.03-3293-7975　FAX.03-3293-7977
郵便振替口座　00150-8-33915

ISBN 4-89694-846-7

好評既刊

乳酸菌 ―健康をまもる発酵食品の秘密―

小崎道雄　ヨーグルトから酢、醤油、パン、お茶、漬け物などなど、乳酸菌のはたらきで旨味を増すさまざまな発酵食品を世界各地から集めて紹介。

四六判・2600円

カビと酵母 ―生活の中の微生物―

小崎道雄・椿　啓介編著　乳酸菌や酵母などの有用微生物から、ヒトにすみつくカビや病原菌まで、ヒトとさまざまなかかわりをもつ身近な微生物の話題満載。

四六判・2800円

菌食の民俗誌 ―マコモと黒穂菌の利用―

中村重正　縄文以前から有用植物であったマコモと人間とのかかわりを紹介。豊富な民俗祭祀や神事に探り、黒穂菌がつくりだすふしぎな野菜マコモタケや健康食品としての側面まで、豊富な話題を満載。

四六判・2600円

価格税別